Scheelen · Unternehmen Exzellenz

W0041655

Frank M. Scheelen

Unternehmen Exzellenz

IT'S A MATCH!
Was Unternehmen wirklich brauchen,
um mit starken Teams Krisen zu meistern

Die deutsche Bibliothek – CIP-Einheitsaufnahme
Die Deutsche Nationalbibliothek verzeichnet diese Publikation in der Deutschen
Nationalbibliografie; detaillierte bibliografische Daten sind im Internet unter http://dnb.de

Scheelen, Frank M.
Unternehmen Exzellenz. It´s a match! –
Was Unternehmen wirklich brauchen, um mit starken Teams Krisen zu meistern

Print: ISBN 978-3-93-625914-8
E-Book: ISBN 978-3-93-625915-5

© Herausgeber: Bildungsverlag by SCHEELEN®, SCHEELEN® AG,
Frank M. Scheelen, Badstraße 3, D-79761 Waldshut-Tiengen
www.scheelen-institut.com · info@scheelen-institut.com

1. Auflage 2023

Gesamtproduktion, Design, Layout, redaktionelle Unterstützung:
text-ur agentur Dr. Gierke, Köln, www.text-ur.com

Druck, Buchhandelsbestellungen: BoD GmbH, www.bod.de
Buchpaket-Bestellungen und Buchwünsche mit persönlicher Widmung des Autors an:
info@scheelen-institut.com

ISBN 978-3-93-625914-8

Printed in Germany

Inhalt

Teil II – Grundlagen & Tools

Kapitel 3 – Das Kompetenzmatch
Fortschritt messbar machen: Zielgerichtet matchen mit Kompetenzdiagnostiktools

Kapitel 4 – Das Wellbeing-Match
The Healthy Company – Mental Health und Resilienz durch hohen Zufriedenheitsfaktor

Teil III – Konkrete Anwendungen

Kapitel 5 – It's all about the people
Unternehmen Exzellenz durch Matching im Recruiting   141

Kapitel 6 – Extraordinary Leadership
Unternehmen Exzellenz durch Matching in der Führung   167

TEIL I

IDEEN & VORAUS-SETZUNGEN

Geleitwort
von
Prof. Dr. Arnold Weissman

Arnold Weissman

Bangemachen gilt nicht: Mit resilienten Teams Organisationen an Krisen wachsen lassen

„Das einzig Beständige ist der Wandel" – wenn dieser Satz, der schon auf Heraklit von Ephesus (543–475 v. Chr.) zurückgehen soll, nicht unsere derzeitige Situation umschreibt, welcher dann? Eine Krise jagt die andere: Es ist schon schwer, all die Krisen aufzuzählen, die uns derzeit beschäftigen. Irgendwie beschleicht einen das Gefühl: Das „New Normal" heißt Krise, Veränderungsbereitschaft, Resilienz. Als Entscheider stehen Sie vor der Frage, wie Sie Ihr Unternehmen und sich selbst robust, krisenfest, resilient und zukunftsfähig machen können. Gerade das Thema der Resilienz greift Frank Scheelen in seinem neuen Buch gezielt auf. Er zeigt, wie Unternehmen und Personen lernen können, mit Krisen umzugehen, an ihnen zu wachsen, ja gestärkt aus Krisen hervorzugehen.

Das Wort „Resilienz" hat seinen Ursprung im Lateinischen. Das Verb „resilire" bedeutet dabei so viel wie „zurückspringen" oder „abprallen". In der Psychologie steht Resilienz für die Fähigkeit eines Menschen, effektiv und achtsam mit Krisen und Rückschlägen umzugehen. Resilienz hat immer etwas mit der Fähigkeit von Systemen zu tun, Krisen erfolgreich zu überstehen. Weiterhin geht es auch um die Fähigkeit, mögliche Krisen zu antizipieren und durch geeignete Gegenmaßnahmen zu vermeiden oder abzuschwächen. Resiliente Systeme und Menschen haben die Fähigkeit, sich an Veränderungen in ihrer Umgebung anzupassen. Die Ergebnisse solcher Fähigkeiten sind eben nicht die Unverletzlichkeit, sondern Langlebigkeit und Zukunftsfähigkeit.

Die letzten Jahre waren für viele von uns echte Krisenjahre. Der Krieg in der Ukraine, COVID-19, Energiekrise, Inflation, Supply-Chain-Krise, Klimawandel, der Brexit, die Flüchtlingskrise, Lehman: Die Liste lässt sich fast beliebig fortsetzen. Wie verhält man sich nun in einer solchen Situation, einer Zeit schneller Veränderungen, zunehmender Unsicherheit, steigender Komplexität und dem Verlust der Eindeutigkeit?

Zunächst einmal gilt: Bangemachen gilt nicht. Das Mindset von Gewinnern zeigt sich immer erst in einer Krise, bei Sonnenschein kann es schließlich jeder. Manager müssen Mut machen, Ermutiger sein, ihren Mitarbeitern die (oft berechtigten) Ängste nehmen. Sie brauchen den Mut, vorwärtszugehen, auch wenn sie selbst manchmal Angst haben. Statt in Schockstarre zu verfallen, treffen sie klare Entscheidungen und handeln. Und weil sie klare Werte haben, fallen ihnen diese Entscheidungen auch leicht.

Jetzt zeigt sich, wer wirklich ein Führender ist. Führende haben Folgende. Wenn Ihnen Ihre Mitarbeiter in diesen schwierigen Zeiten folgen, dann sind Sie ein wahrer Führender. Natürlich ist es schwer, in diesen Zeiten Optimismus zu verbreiten, wenn man selbst gerade eine schlaflose Nacht hatte. Doch genau dies ist jetzt gefordert. Und genau hier setzt Frank Scheelen mit seinem neuen Buch an. Er zeigt auf, was wir tun können, um aus Krisen gestärkt hervorzugehen, an ihnen zu wachsen. Und er hat kein weiteres Philosophiebuch geschrieben, sondern eine konkrete Handlungsanleitung, um aus Krisen als Gewinner hervorzugehen.

It's a match: Es muss einfach passen. Menschen müssen zusammenpassen, um als Teams die größten Herausforderungen zu bewältigen. Dazu passt dieses Buch einfach ideal!

Ich wünsche Ihnen viel Erkenntniszuwachs beim Lesen!

Ihr Arnold Weissman
Wirtschaftswissenschaftler, Fachautor, Gründer Weissman & Cie

Geleitwort
von
Dr. Walter Döring

„Cool durch die Krise"

... hat eine Wochenendausgabe des *Handelsblatts* einen längeren Artikel überschrieben, in welchem verschiedene „Strategien, Tools und Tricks" von Firmenlenkern vorgestellt wurden.* Das ist zwar ein wenig übertrieben, denn „cool" im herkömmlichen Sinne schaffen es auch die Besten unter den Besten nicht, aber „unaufgeregt", „aus Erfahrung klug" und „selbstsicher" kommen als Attribute den erfolgreichen Unternehmerinnen und Unternehmern recht nahe. Am erfolgreichsten unter den Erfolgreichen waren und sind wieder einmal die Familien- bzw. Eigentümerunternehmen, oftmals Weltmarktführer, ob mit Familienvorständen oder auch Fremdmanagern.

Ein herausragendes Beispiel ist WÜRTH: Vom 2-Mann-Betrieb zum Weltmarktführer mit mehr als 86.000 Beschäftigten und knapp 20 Milliarden Euro Umsatz in 2022. Reinhold Würth hat dafür ein Rezept: „Arroganz aus dem Unternehmen fernhalten, neugierig bleiben, Chancen nutzen, nicht auf ,die' Politik achten, sprich: Entscheidungen nicht von der Politik abhängig machen, den Kunden immer fest im Blick haben und natürlich: fleißig schaffen". Oder Henkel, ebenfalls ein Weltmarktführer, der Rekordzahlen aufweisen kann: CEO Karsten Knobel hebt hervor, „nie zu klagen, denn das hilft nun wirklich niemandem". Für viele Topmanager aus der Riege der Weltmarktführer scheint „Selbstmanagement" geradezu ein Zauberwort zu sein, eines, das durch seine Umsetzung magische Kräfte entfaltet sowie Struktur und Halt gibt. Erwähnen will ich da noch Tim Höttges, der erfolgreiche Chef der Telekom; und auch Roland Berger-Chef Stefan Schaible schreibt Selbstmanagement groß als ein Erfolgsrezept, während der CEO von VW und Porsche, Oliver Blume, auf strukturiertes Arbeiten setzt: „Ich setze Prioritäten. Das funktioniert wie ein Trainingsplan im Sport, mit Fokus und Disziplin." Und er fügt hinzu: „Du musst auf Unwägbarkeiten vorbereitet sein und pragmatisch, flexibel und entschlossen agieren." Kerstin Hochmüller, die Chefin des Antriebsspezialisten Marantec, hat einen radikalen

Führungswechsel vorgenommen und damit enorme Erfolge erzielt: „Je mehr Leute mitdenken können, wirklich involviert und motiviert sind, desto besser und schneller können wir auf die multiplen Herausforderungen reagieren." Bedeutet in der Praxis: Auch der stärkste CEO, die beste Firmenlenkerin braucht ein perfektes Team. Und da kommt es auf den richtigen Mix an: „Je komplexer die Aufgaben, desto breiter müssen Teams aufgestellt sein"; schlicht: Es muss alles zueinander passen; ‚matchen' eben! Wie, das erläutert dieses Buch hervorragend!

Und weitere Faktoren, die sehr erfolgreiche Führungskräfte auszeichnen, hat eine bekannte Studie von Zenger | Folkman, Partner der SCHEELEN® AG zusammengetragen (diese finden Sie im Literaturverzeichnis). Womit wir bei der SCHEELEN® AG wären, dem international aufgestellten Beratungsunternehmen, das mein Senatskollege Frank M. Scheelen gegründet hat und seit vielen Jahren führt – auch jenes kann zu den herausragenden Eigentümerunternehmen gezählt werden, setzt es sich doch genau mit den Erfolgsfaktoren für unternehmerisches Handeln, für hervorragendes Leadership und für „mentally healthy"-Unternehmen auseinander. Dafür wurde viel Forschung betrieben und dafür wurde die SCHEELEN® AG bereits mehrfach ausgezeichnet. Frank M. Scheelen weiß also wirklich, worüber er schreibt. Und das merkt man dem Buch an: ein echtes Match mit der Situation der Leserinnen und Leser in den Unternehmen. Ja, sogar ein Matchwinner!

Dr. Walter Döring
Stv. Ministerpräsident und Wirtschaftsminister a. D.
Geschäftsführender Gesellschafter ADWM GmbH – Akademie Deutscher Weltmarktführer

---

* „Cool durch die Krise – Top-Führungskräfte wie Oliver Blume oder Sylvia Eichelberg verraten ihre Selbstmanagement-Strategien". In: Handelsblatt vom 12.02.2023.

Vorwort des Autors

Transformationale Unternehmen: Erfolgreiche Strategien gegen Change-Druck und Dauerkrisen

„If crisis is the new normal, then transformation is the new usual" – daran glaube ich. Denn leichter wird es nicht mehr in Wirtschaft, Sozialem, Politik und Unternehmen – aber vielleicht wieder besser. Vielleicht machen *Sie* persönlich es wieder besser – in Ihrem Unternehmen. Dabei wird Sie dieses Buch unterstützen.

Wir sind uns sicher einig, dass die Märkte nicht mehr einfacher werden, dass die natürlichen Ressourcen nicht genügend schnell nachwachsen (wenn sie es denn überhaupt tun), dass die Menschen nicht friedlicher zusammenleben, je ungleicher die Ressourcen und Erträge, der Zugang zu Wasser, Nahrung und Bildung verteilt sind, und dass Prozesse und Systemzusammenhänge nicht mehr weniger komplex werden – schon gar nicht, wenn Künstliche Intelligenzen dahinterstecken.

Drei Gaben, die alles drehen können

Aber wir Menschen haben drei Gaben, die zur Zuversicht berechtigen, all diese Probleme anzugehen, zu meistern und vieles zum Besseren zu wenden. Diese Gaben sind Lernfähigkeit, Resilienz und Kollaboration.

Lernfähigkeit: Wir lernen in Krisen und herausfordernden Zeiten, wie wir Dinge besser machen können – wir sind zur Weiterbildung und Weiterentwicklung gezwungen.

Resilienz: Wir entwickeln Durchhaltevermögen, wir schaffen neue Ressourcen, setzen bessere Ziele, lernen aus Krisen, wie wir es künftig besser machen, Risiken besser im Griff behalten, stärkere Zukunftsvisionen entwickeln und Erfolge erreichen können.

Kollaboration: Wir arbeiten zusammen, um Visionen umzusetzen, voranzukommen. Wir organisieren uns besser, lernen besser zu führen, geschickter Teams zusammenzusetzen, gescheiter zu managen und gemeinsam zu denken; gehen stärker auf das Potenzial des Einzelnen ein, nutzen die individuellen Kompetenzen, entwickeln Schwarmintelligenz und zielen in der Zusammenarbeit auf Verbesserungen für alle: auf bessere Versorgung, bessere Produkte, bessere Prozesse, bessere Ergebnisse, besseres Leben.

Unternehmen stehen unter Transformationsdruck wie die Menschen auch

Und diese drei Gaben wirken im Unternehmensleben umso mehr. Ich schreibe „Unternehmensleben", weil ein Unternehmen meiner Auffassung nach wie ein lebender Organismus zu betrachten ist: ein System aus zusammenarbeitenden Menschen, die sich unternehmerische Ziele und ein Regelwerk gesetzt haben, um diese zu erreichen.

Das System Unternehmen, also Unternehmerinnen und Unternehmer, Mitarbeitende und Führungskräfte, stehen in diesen Zeiten unter dem extremen Druck, sich dem aktuellen Wandel anzupassen und sich für die zukünftigen Aufgaben und Herausforderungen aufzustellen. Um diesen Transformationsdruck aushalten zu können, brauchen Menschen ein Zukunftsmindset, die richtigen Einstellungen und Verhaltensweisen sowie Kompetenzen, Skills und Charakterstärken. Und das gilt genauso für das Unternehmen als Ganzes, um als transformationales Unternehmen wettbewerbsstark zu bleiben.

Umfassende Forschung: Was Unternehmen zu jeder Zeit erfolgreicher macht

Bei der SCHEELEN® AG als ganzheitlichem Beratungsunternehmen haben wir uns über Jahrzehnte die Frage gestellt, was Unternehmen in guten und in Krisenzeiten erfolgreich macht und hält. Viele Bücher habe ich dazu bereits herausgegeben und geschrieben – teils mit internationalen Führungs- und Managementexperten wie Jack Zenger und Joe Folkman oder Brian Tracy, denn die Herausforderungen der Globalisierung, der Digitalisierung, der gestörten Lieferketten und des Fachkräftemangels, der demografischen sowie soziopolitischen Verschärfungen stellen nahezu weltweit Firmen vor große Aufgaben.

2021 haben wir uns in Publikationen mit der Frage beschäftigt, wie Menschen wirklich ticken – und jetzt untersuchen wir, quasi in der Fortsetzung, umgekehrt aus der Perspektive: Was Unternehmen wirklich brauchen. Genauer: Was Unternehmen wirklich brauchen, um gemeinsam mit den Menschen an Bord durch diese volatilen Zeiten zu kommen und eine gewisse Grundresilienz zu sichern. Klar: Wenn Lieferketten reißen, Energiekosten Gewinne auffressen und Margen zerstören, Blackouts Produktionsstraßen lahmlegen oder Hackerangriffe gravierende Datenlecks verursachen, geht es um das Ergreifen von Ad-hoc-Maßnahmen, mit denen das Weiterleben des Organismus „Unternehmen" kurzfristig gesichert werden muss. Aber dieser Organismus, das sind die Menschen, die darin arbeiten. Die an eine Idee glauben und im besten Fall Sinn und – vielleicht nicht Erfüllung –, aber doch Selbstwirksamkeit sowie Beachtung und Anerkennung in ihrer Arbeit finden. Sie müssen ausgerüstet werden mit den richtigen Kompetenzen, Fähigkeiten und Fertigkeiten, Ressourcen und Resilienz. Es muss ein Match geben zwischen Herausforderungen, Chancen, Wissen und Können. Dafür setzen wir – und darum wird es in diesem Buch auch gehen – natürlich die bekannten und validierten „SCHEELEN®-Tools" wie OutMatch ASSESS by

SCHEELEN®, INSIGHTS MDI® by SCHEELEN® und RELIEF by SCHEELEN® sowie -Beratungsansätze ein. Und das funktioniert – wie mehr als 2.000 Partner europaweit sowie ein Vielfaches davon an Kundenunternehmen, welche unsere Tools für ihre Beratung nutzen, beweisen.

Für mich steht fest: Nur leidenschaftliche Unternehmerinnen und Unternehmer, die zur Selbsterkenntnis fähig sind und über Menschenkenntnis verfügen, können gemeinsam mit begeisterten Mitarbeitenden den Weg zur Exzellenz im wahrsten Sinne des Wortes „unternehmen" und „Unternehmen Exzellenz" aufbauen sowie die Herausforderungen der Transformation meistern. Diesen Weg gehe ich gern voran, und ich habe dieses Buch geschrieben, um auch andere Menschen zu begeistern, ihren Weg zu(m) „Unternehmen Exzellenz" zu meistern.

Frank M. Scheelen
Gründer & CEO, SCHEELEN® AG

Einleitung

Persönlichkeit, Kompetenzen, Wellbeing: Mit Matching Krisen meistern

Pandemie, Lieferkettenproblematik, Energie(-preis-)krise, Rohstoffmangel, Krieg in Europa, aggressive Autokraten überall, Rezession, Inflation, Fach- und Führungskräftemangel – (auch) die Unternehmen sind ins Zeitalter der Krisen eingetreten. Und das wird sich wohl in den nächsten Jahren nicht grundlegend ändern, wahrscheinlich sogar verstärken. Die größte Herausforderung ist und bleibt der Fach- und Arbeitskräftemangel, der in den nächsten Jahren noch zunehmen wird. Die Unternehmen stehen vor und in schmerzhaften Entwicklungs- und Veränderungsprozessen und suchen nach Lösungsmöglichkeiten. Wo stehen Sie mit Ihrem Unternehmen? Welche der Krisen bereiten Ihnen derzeit die größten Kopfschmerzen?

Die Krisen, insbesondere der Fach- und Arbeitskräftemangel, lassen sich nur mit Matching bewältigen und lösen. Denn Matching hilft, dass möglichst viele Menschen ihre Berufung in ihrem Beruf finden und so resilient sowie veränderungsbereit und -fähig sind, das Beste für ihr Unternehmen zu leisten.

It's a match: Was Unternehmen wirklich brauchen

Wenn die Dauerkrisen eines zeigen, dann das: Ein eingeschworenes Team, ein Unternehmen als Ganzes leistet mehr, als die Qualität und die Kompetenzen der einzelnen Menschen vermuten lassen. Wenn die Menschen an einem Strang ziehen, bewältigen sie gemeinsam die gewaltigsten Herausforderungen. Und das gelingt am besten, wenn zum einen Mensch und Unternehmen zueinander passen, die Menschen also ihre Persönlichkeit im Unternehmen und am Arbeitsplatz entfalten und entwickeln, ihre Kompetenzen einsetzen und sich im Unternehmen wohlfühlen, weil sie dort ihre Werte und Emotionen leben können. Und wenn sich zum anderen die unterschiedlichen Persönlichkeiten, Kompetenzen und Werte der Menschen ergänzen.

Entscheidend ist die Passung oder das Matching. Die Führungskräfte und Mitarbeiter agieren in der Krise widerstandsfähiger und sind leistungsfähiger, das Unternehmen selbst wird krisenresilienter und erfolgreicher, wenn es ein Matching in diesen drei Bereichen gibt:

- Matching zwischen der Persönlichkeit einer Führungskraft oder eines Mitarbeiters und den Persönlichkeitsentfaltungsmöglichkeiten im Unternehmen: Die Menschen arbeiten gern für das Unternehmen, weil Persönlichkeitsstruktur und unternehmerische Rahmenbedingungen kompatibel sind.

- Matching zwischen den vorhandenen und den (aus Unternehmenssicht) erforderlichen Kompetenzen der Führungskräfte und Mitarbeiter: Sie verfügen über genau die Kompetenzen, mit denen sie einen substanziellen Beitrag zur Erreichung der Unternehmensziele leisten können. Das freut beide Seiten – Unternehmen sowie Führungskräfte und Mitarbeiter.

- Matching bezüglich des Wellbeing-Faktors, also hinsichtlich des Wohlbefindens, der Zufriedenheit, der Sinnfindung und des Wertesystems: Insbesondere, weil das Wertesystem des Unternehmens und das der Menschen zusammenpassen, fühlen sich diese wohl am Arbeitsplatz – der Wellbeing-Faktor erhöht sich. Die Mental Health und die Gesundheit der Menschen werden so gefördert.

Ein weiterer wichtiger Aspekt: Indem die psychischen Gefährdungspotenziale und Beeinträchtigungen erfasst werden, lässt sich rasch analysieren, in welchen Bereichen akuter Handlungsbedarf besteht und die Unterstützung der Führungskräfte und Mitarbeiter angesagt ist.

Es muss schlicht und einfach passen – beim Persönlichkeitsmatch, beim Kompetenzmatch und beim Wellbeingmatch. Damit ist der Rahmen dieses Buches abgesteckt:

> *Die drei Aspekte Persönlichkeit, Kompetenzen und Wellbeing (durch Werteübereinstimmung) stehen im Zentrum eines Matchingplans, der Ihnen hilft, Krisen und andere Herausforderungen zu bewältigen.*

In diesem Buch lernen Sie Tools wie etwa INSIGHTS MDI by SCHEELEN®, OutMatch ASSESS by SCHEELEN® und RELIEF Stressprävention by SCHEELEN® kennen, mit denen sich ein Matching herstellen lässt und Sie sich zu jemandem mit hoher und ausgeprägter Matchingkompetenz entwickeln. Persönlichkeitsdiagnostiktools, Kompetenzdiagnostiktools und Methoden zur Gesundheits- und Stressprävention unterstützen Sie dabei, dass Ihr Unternehmen, die Führungskräfte und die Mitarbeitenden zueinander passen, sich menschlich sowie in Wissen und Können ergänzen, zielorientiert in dieselbe Richtung schauen, miteinander harmonieren. Als eingeschworenes Matchingteam entwickeln die Führungskräfte und die Mitarbeiter Widerstandskräfte, die eine signifikant hohe Resilienz ermöglichen.

Bedeutet das, dass die Persönlichkeiten, Charaktere, Kompetenzen und Werte identisch oder ähnlich sein müssen? Nein, ganz im Gegenteil. Eindimensionalität und Homogenität führen so gut wie immer zu Sterilität, zu Langeweile, zu Einheitsbrei. Es ist zielführender, wenn Vielfalt und Diversität Trumpf und die Menschen nicht alle aus einem Holz geschnitzt sind. Unterschiede in der Herkunft, in der Generationenzugehörigkeit, hinsichtlich der Persönlichkeit, der Kompetenzen und Stärken, der Werteausrichtungen und Motivationslagen wirken belebend. Die Ergebnisse, die ein Team erzielt, das sich nur aus buchhalterischen Controllertypen mit hoher Zahlen-Daten-Fakten-Mentalität oder allein aus dominanten und umsetzungsstarken Macht- und Tatmenschen zusammensetzt, sind erwartbar und vorhersehbar. Meiner Erfahrung nach erhöht sich die Performance eines Unternehmens oder eines Teams, wenn es sich aus unterschiedlichen Persönlichkeiten mit unterschiedlichen Kompetenzen und Stärken zusammensetzt. Auch die Werte müssen sich nicht aus einer Quelle speisen, es sollte jedoch eine gemeinsame Wertebasis vorhanden sein. Insgesamt gilt:

Aus Unterschiedlichkeit und Diversität erwächst Stärke, wenn die Passung, wenn das Matching stimmt.

Schaltzentrale Recruiting

Die Grundlagen für das Matching werden im Recruiting gelegt. Wenn es von Beginn an gelingt, die Führungskräfte und Mitarbeiter zu finden und ans Unternehmen zu binden, die zur Firma und den Menschen, die für sie tätig sind, passen, steigt die Wahrscheinlichkeit eines starken und resilienten Unternehmens. Lassen Sie sich dabei Zeit, um sicher zu sein, die passende Mitarbeiterin oder den passenden Mitarbeiter zu finden. Brian Tracy hat einmal zu mir gesagt:

„Wer schnell einstellt, bereut es langsam!"

Dabei geht es vor allem darum, „den Menschen im Mitarbeiter" zu berücksichtigen. Es genügt nicht, den besten Mitarbeiter für die vakante Stelle zu finden. Mensch und Stelle müssen wie bei einem Puzzle zusammenpassen – der Mitarbeiter sollte die Position als eine Möglichkeit definieren können, nicht nur seine Fachkompetenzen optimal einzusetzen, sondern auch seine sozialen und emotionalen Fertigkeiten, seine Persönlichkeit und seine Werte: „Hier bin ich Mensch, hier darf ich's sein!" (Johann Wolfgang von Goethe) – er sollte sich auf und in seiner Position als ganzheitlicher Mensch wiederfinden können.

„Tolle Führungskräfte und Mitarbeiter – dringend und verzweifelt gesucht!" Der Ruf ertönt allerorten. Warum ist das so? Meine Erfahrung lautet: Weil nur die Unternehmen erfolgreich agieren, deren Führungskräfte und Mitarbeiter sich motiviert und engagiert für die Erreichung der Unternehmensziele und für die Kunden einsetzen. Weil langfristiger und nachhaltiger unternehmerischer Erfolg nie – oder zumindest selten – das Ergebnis eines Einzelgängertums ist, sondern das Resultat der exzellenten Arbeit von Menschen, die sich ergänzen und miteinander harmonieren. Beachten Sie bitte: Die beste und effektivste Personalentwicklung ist die Personalauswahl. Nur wer die richtigen – und passenden! – Führungskräfte und Mitarbeiter rekrutiert, hat die Chance, die folgende Erfolgskette ohne Bruch dauerhaft in Gang zu setzen:

- Herausragende Führungskräfte – Begeisterte Mitarbeiter – Zufriedene Kunden – Erfolgreiche Unternehmen

Das eine folgt aus dem anderen, die vier Punkte hängen zusammen. Aber es kommt noch ein fünfter Punkt hinzu.

Krisenbewältigungskompetenz aufbauen

Ich habe die verschiedenen Krisenherde angesprochen: Die Krise wird zum Normalmodus auf den Märkten werden – und das laugt die Unternehmen und die Menschen aus und fordert sie bis zur Überforderung. Menschen und Unternehmen befinden sich im Burn-out oder stehen kurz davor. Umso wichtiger ist es, dass die Menschen in dieselbe Richtung arbeiten, um gemeinsam Ziele zu erreichen und erfolgreich zu sein. Eine Topperformance macht dann die größte Freude, wenn sie gemeinsam und in der Gruppe erzielt wird und die

Menschen spüren, dass die Summe ihrer Kompetenzen den Erfolg wahrscheinlicher macht. Wenn sie merken: „Wenn ich allein agiere, erreiche ich weniger, als wenn ich mich in den Dienst eines Teams stelle und zugleich dessen Energien für den eigenen Erfolg nutzen kann!"

Durch gemeinsames Handeln entsteht mehr als durch vereinzeltes Handeln. Es ist das Verdienst von Adam Grant, nachgewiesen zu haben, dass Hilfsbereitschaft und der Einsatz für andere Menschen wertvoller sind als egoistisches Ellbogendenken. Denn der Mensch ist auch und vor allem ein soziales Wesen. Grant belegt in seinem Buch *Geben und Nehmen* (2016), dass es hilfsbereite Menschen oft weiter bringen als Ellbogentypen, auch und vor allem im Beruf. Er untergliedert die Menschen in „Geber" und „Nehmer", wobei die Geber als hilfsbereite Menschen mehr Erfolg haben, weil sie sich um andere kümmern – und nicht, obwohl sie sich um andere kümmern. Grant räumt mit der Vorstellung auf, dem Egoisten gehöre die (Berufs-)Welt. Er bringt Beispiele dafür, dass die Geber, die sich für andere engagieren, im Durchschnitt erfolgreicher, zufriedener und überdies auch anerkannter sind als die Nehmertypen. Ich möchte Grants Gedanken aufgreifen und erweitern: Menschen, die über eine hohe emotionale Reife und eine ausgeprägte emotionale Intelligenz verfügen, sind eher bereit, gemeinsam mit anderen Menschen Krisenbewältigungskompetenz aufzubauen und einen Beitrag zur Lösung drängender Probleme zu liefern.

Ein Unternehmen meistert eine Krise exzellent, wenn die Menschen, die für es arbeiten, zusammenhalten. Und die Menschen können zusammenhalten, wenn sie zusammenpassen und sich ergänzen.

Dabei geht es nicht um Harmoniesoße und Friede, Freude, Eierkuchen. Im Gegenteil. Wer denkt bei Ruhe und Stille nicht an Friedhofsruhe. Manchmal bringen uns der Dissens, der Streit, der

Konflikt weiter. Zumindest, solange die Streithähne und Konfliktparteien sachlich und konstruktiv handeln. Dann kann der Dissens die Grundlage für eine exzellente Problemlösung darstellen, weil die beteiligten Menschen eine gemeinsame Grundlage haben.

Eine herausragende Führung, die die Mitarbeiter zu begeistern versteht, sodass sich Führungskräfte und Mitarbeiter gemeinsam dafür einsetzen wollen, die Kundenzufriedenheit zu steigern, führt zu erfolgreichen Unternehmen, die Resilienz und Krisenbewältigungskompetenz aufbauen. Und damit sind wir bei dem fünften (oben versprochenen) Punkt angelangt:

Herausragende Führungskräfte – Begeisterte Mitarbeiter – Zufriedene Kunden – Erfolgreiche Unternehmen – Höhere Krisenbewältigungskompetenz

Mindshift und Megatrend Mensch

Die Krisen sind nur im Verbund, im Team, in der Gemeinschaft, kurz: als Unternehmensganzes, zu bewältigen – mit der passenden Einstellung, der passenden Überzeugung, der passenden Haltung, dem passenden Mindshift. Mit Mindshift meine ich – in Anlehnung und Erweiterung des Mindshift-Begriffes von Svenja Hofert (2019) – ein verändertes Bewusstsein, durch das Change ermöglicht wird. Die ständige Anpassung und Veränderung sind ein Schlüsselelement, um die Krisen mithilfe wachsender Krisenbewältigungskompetenz zu meistern. Und die Träger und Hüter der Veränderung – sind die Menschen, deren Persönlichkeiten, Kompetenzen und Mentalitäten zusammenpassen.

Bereits vor mehr als zehn Jahren habe ich den „Megatrend Mensch®" zum Leitbild meiner ganzheitlichen Unternehmensberatung, der es um die Entwicklung aller menschlichen Potenziale geht, ausgerufen. Darum habe ich den Begriff seinerzeit schützen

lassen; einer meiner Vorträge trug den Titel „Megatrend Mensch®". In der Beschreibung hieß es: „Der Mensch ist in Zukunft der Schlüssel unternehmerischen Erfolges: Produkte werden austauschbarer, Mitarbeiter mit ihren einzigartigen Fähigkeiten (Kompetenzen), Ideen und Emotionen ein immer wichtiger werdender Erfolgsfaktor. Wie Sie mit den richtigen Mitarbeitern Ihr Unternehmen in die Zukunft führen, beschreibt Frank M. Scheelen in seinem inspirierenden Vortrag." Das auf Matching beruhende moderne Recruiting, das mithilfe eines veränderten Bewusstseins Change ermöglicht, Resilienz aufbaut und zu(m) „Unternehmen Exzellenz" führt, steht in der Tradition des „Megatrend Mensch". Mein derzeit aktueller Vortrag zu „Unternehmen Exzellenz" ist die logische und konsequente Fortführung des früheren Ansatzes.

Wovon hängt der Erfolg Ihres Unternehmens in Zukunft ab? Von Ihren Produkten, Ihren Dienstleistungen, den Innovationen, den optimierten Entwicklungs- und Produktionsprozessen? Ja, das auch. Ganz sicher aber geht es nicht ohne motivierte und loyale Führungskräfte und Mitarbeiter, die sich voll und ganz und aus innerer Überzeugung dafür einsetzen, die Unternehmensziele und ihre eigenen Ziele zu verwirklichen.

Menschen im Unternehmen voranzubringen heißt, das Unternehmen voranzubringen, gerade in Krisenzeiten.

Setzen Sie sich dafür ein, dass sich die Menschen an ihren Arbeitsplätzen gut aufgehoben fühlen, indem sie dort ihre Persönlichkeit, ihre Kompetenzen und ihre Werte einbringen, entfalten und entwickeln können. Und der Weg zur Zielerreichung heißt Matching! Denn mit Matching gelangen Sie zu Hochleistungsführungskräften und -mitarbeitern und bauen Unternehmen Exzellenz auf. Genau das möchte dieses Buch leisten: einen praktikablen Weg zu Unternehmen Exzellenz aufweisen. Dieser Weg führt über sieben Stationen:

- In den Kapiteln 1 bis 4 lege ich die Grundlagen, stelle Ihnen die Bedeutung der (Selbst-)Reflexion und der Selbst- und Menschenkenntnis für das Matchingkonzept dar und beschreibe mit INSIGHTS MDI®, OutMatch ASSESS by SCHEELEN® und RELIEF Stressprävention by SCHEELEN® die Tools, die für Ihre Fähigkeit zu matchen entscheidend sind.
- In den Kapiteln 5 bis 7 geht es strikt anwendungsorientiert zu: „Matching im Recruiting", „Matching in der Führung" und „Matching im Kundenkontakt" lauten die Themen.

Am Ende der Beschäftigung mit diesem Buch verfügen Sie hoffentlich über eine hohe und ausgeprägte Matchingkompetenz!

Doch bevor es losgeht, einige kurze Hinweise: Auf wichtige Erkenntnisse und Erfahrungen mache ich mit einem grauen Balken aufmerksam, an den Stoppschilder-Icons besteht für Sie die  Möglichkeit, innezuhalten und das Gelesene auf die eigene Situation zu übertragen und mit Reflexionen zu dem Thema zu vertiefen. QR-Codes schließlich weisen Ihnen den Weg zu weiterführenden Materialien auf meinen Websites.

Für mich ist die Gleichberechtigung aller Geschlechter eine Selbstverständlichkeit. Ob nun die weibliche oder die männliche Form oder beide zugleich verwendet werden: Immer gilt, dass ich alle Leserinnen und Leser (m/w/d) anspreche und meine. Das heißt: Manchmal nutze ich aus Lesbarkeitsgründen nur das generische Maskulinum, manchmal verwende ich im Text die weibliche oder die männliche Form, zuweilen auch die weibliche und die männliche. Bitte fühlen Sie sich auf jeden Fall angesprochen.

KAPITEL 1

It takes two to tango

Matching braucht immer Selbst(er)kenntnis und Menschenkenntnis

Der Match(ing)plan dieses Kapitels

Sie erfahren, dass Menschenkenntnis bei der eigenen Person an-
fängt. Insofern sind Selbstkenntnis und Menschenkenntnis miteinander verwandt. Wer herausfindet, wer er selbst ist, kann dies
meist auch bei anderen Menschen leisten.

Sie erkennen den zentralen Aspekt beim Auf- und Ausbau Ihrer
Selbst- und Menschenkenntnis – die (Selbst-)Reflexion.

Know your inner monkeys: Von den Vorteilen der Selbst- und Menschenkenntnis

„Welcher Affe hat dich denn gelaust?", hat man früher gefragt, wenn ein Verhalten oder eine Reaktion für andere nicht verständlich war oder wenn sie nicht daran andocken konnten. Wenn es, in anderen Worten, kein Match mit den Erwartungen oder Verhaltensweisen anderer gab. Fassen wir es mal bildlich zusammen: Man muss die (wenigstens seine eigenen) „inner monkeys", die inneren Affen, kennen, die ganz unmittelbar und unverfälscht auf Situationen reagieren, bevor noch jede Handlung und Haltung durch die Sozialisierungsfilter gelaufen ist und businesstauglich, abgerundet sowie gesellschaftskompatibel verpackt in Wohlverhalten umgemünzt auf der Oberfläche erscheint. Denn die „inner monkeys" verkörpern unsere innersten Einstellungen und Gefühle – und diese werden getriggert, wenn Erwartungen, Verhaltensweisen, Einstellungen nicht zusammenpassen. Wenn also die „soziale Passung" oder das Matching nicht stimmt. Matching setzt die Fähigkeit zur Analyse voraus, wie man selbst tickt und wie andere Menschen ticken, warum Menschen so sind, wie sie sind, und warum sie auf andere so wirken, wie sie wirken. Es geht darum, dass Sie sich selbst und andere Menschen einschätzen und permanent in die (Selbst-)Reflexion gehen, was das für das Selbstmanagement – oder die Selbstführung –, ebenso wie für die Führung von Mitarbeitern, den Umgang mit Kunden und die Begegnung mit anderen Stakeholdern des Unternehmens bedeutet.

Eine der wichtigsten Grundlagen für Matching und die Prüfung, ob und unter welchen Umständen Menschen zusammenpassen oder nicht, sind die Selbst- und die Menschenkenntnis, mit der Sie sich und andere Menschen besser einschätzen können.

Sicherlich gibt es Tools – und Sie werden einige davon in diesem Buch kennenlernen –, die Sie dabei unterstützen, eine fundierte Selbst- und Fremdeinschätzung vorzunehmen. Meine Erfahrung ist: Matching funktioniert nur oder vor allem dann, wenn Sie sich selbst gut kennen und in der Lage sind, von sich selbst abzusehen, über den Tellerrand des eigenen, oft beschränkenden Egozentrismus hinauszublicken und unbefangen zu ergründen versuchen, mit welchen Menschen Sie in Ihrem beruflichen und privaten Umfeld zu tun haben.

Wer nicht bereit ist, die Einzigartigkeit und Individualität jedes Menschen – sei es nun ein Vorgesetzter, ein Kollege, ein Mitarbeiter oder auch ein Kunde – zu akzeptieren und zu tolerieren, wird beim Matching und der Beantwortung der Frage, was Menschen wirklich wollen und ob sie miteinander harmonieren, scheitern. Stellen Sie sich einen Verkäufer vor, der sich nicht in die Vorstellungs- und Wahrnehmungswelt des Kunden begeben kann oder will. Stellen Sie sich eine Führungskraft vor, der die Kompetenz fehlt, sich im Mitarbeitergespräch auf den Stuhl des Gesprächspartners zu setzen. Stellen Sie sich einen Recruiter vor, der unfähig ist, in einem Bewerber nicht nur den Kandidaten für eine vakante Position zu sehen, sondern auch einen Menschen mit all seinen Hoffnungen, Erwartungen, Gefühlen und Ängsten, für den seine Bewerbung eine existenzielle Entscheidung darstellt. Die Tools, die ich in den Kapiteln 2 bis 4 beschreiben werde, helfen Ihnen, Ihre Selbst- und Menschenkenntnis entscheidend zu verbessern. Und diese wird Ihnen nicht nur am Arbeitsplatz und im Unternehmen, bei der Mitarbeiterführung, der Zusammenarbeit mit Kollegen, der Auswahl und Einstellung von Mitarbeitern sowie im Kundengespräch zugutekommen, sondern ebenso im persönlichen und privaten Alltag.

Es lohnt sich aus mehreren Gründen, sich mit den Matchingtools intensiv zu beschäftigen. Sie sind dann in der Lage, sich selbst und vor allem andere Menschen nach nur kurzer Beobachtung ihres Verhaltens einzuschätzen. Sie werden wissen, welcher Kommunikationsstil Ihrem Gesprächspartner liegt, welche Bedürfnisse er im Kontakt mit anderen hat und wie Sie am besten darauf eingehen. Und Sie werden lernen, wie Sie ihn motivieren können. Sie erkennen zudem, wie Sie sich verhalten sollten, damit Sie mit einem Menschen – einem Bewerber, einem Mitarbeiter, einem Kunden und so weiter – gut zurechtkommen und einen guten Eindruck auf ihn machen. Und Sie lernen, wie Sie einen guten menschlichen Kontakt herstellen, auf welchem Sie berufliche, geschäftliche und überdies private Beziehungen aufbauen können.

Ich möchte Ihnen einige Beispiele nennen, die zeigen, inwiefern Ihnen die Fähigkeit zum Matching aufgrund einer besseren Selbst- und Menschenkenntnis von Nutzen ist:

- *Optimale Mitarbeiterauswahl:* Als Führungskraft oder Personaler schätzen Sie die Stärken Ihrer Mitarbeiter besser ein und setzen diese optimal ein. Mithilfe eines Jobprofils suchen Sie speziell die Bewerber aus, die die Fähigkeiten und Verhaltensmuster haben, die an dieser Stelle gebraucht werden. Sie erkennen rasch, welche Kandidaten am besten zu Ihnen passen – und welche nicht. Ihre Arbeit und Ihr Unternehmen werden davon profitieren – und auch Sie selbst, weil Sie die Reputation aufbauen, eben jene Menschen zusammenzuführen und zusammenzubinden, die zueinander passen und Aufgaben optimal lösen können.
- *Effektive Teams:* Ähnliches gilt für das Teambuilding. Sie stellen Teams zusammen, in denen die Menschen zusammenpassen, sich in ihren Fähigkeiten, Verhaltensweisen und in ihrer Persönlichkeitsstruktur ergänzen und sich darum gegenseitig unterstützen können.
- *Besserer Kundenservice:* Haben Sie Kundenkontakt – oder sind gar im Vertrieb tätig –, helfen Ihnen Ihre Matchingkompetenz und Ihre Selbst- und Menschenkenntnis dabei,

sich schnell und optimal auf Ihre Kunden einzustellen. Sie erkennen rasch den Persönlichkeitstyp Ihres Kunden und wissen, welche Art der Präsentation er gern hört, wie viele oder wie wenige Informationen er für seine Entscheidung braucht und wie schnell es zum Geschäftsabschluss kommen kann. Sie werden Zeit und Nerven sparen – und Kunden gewinnen.

- *Vertrauen gewinnen:* Es gelingt Ihnen rasch, Vertrauen zu anderen Menschen aufzubauen und deren Vertrauen zu gewinnen. Mit der Kenntnis, welcher Persönlichkeitstyp Ihnen gerade gegenübersitzt (Menschenkenntnis) und über welche Persönlichkeitsstruktur Sie selbst verfügen, wissen Sie, wie sich rasch ein Vertrauensverhältnis aufbauen lässt.

- *Effektiver Kommunizieren:* Sie kommen rasch mit Menschen ins Gespräch und sprechen mit ihnen eine gemeinsame Sprache. So vermeiden Sie Missverständnisse und Blockaden in den verschiedenen Gesprächssituationen (etwa Mitarbeitergespräche oder Kundengespräche).

- *Selbsterkenntnis:* Sie lernen sich selbst und Ihre eigene Wirkung auf andere kennen. Das macht es Ihnen leichter, Reaktionen anderer auf Ihr Verhalten zu verstehen.

- *Stärken erkennen:* Sie lernen, Ihre eigenen Stärken und die Ihrer Mitmenschen klarer zu erkennen. Das erlaubt Ihnen, Tätigkeiten zu übernehmen, die zu Ihren Stärken passen, andere unterstützen und diese ebenfalls stark machen. Und Sie sind in der Lage, anderen Menschen Aufgaben zu übertragen, die zu ihnen passen und welche sie aufgrund ihrer Stärken exzellent ausführen werden.

- *Sicherer Umgang mit „schwierigen" Menschen:* Immer wieder kommen Sie in Kontakt mit Menschen, mit denen Sie „eigentlich" nicht können, weil die Chemie einfach nicht stimmt. Aber Sie wollen und müssen auch mit diesen „schwierigen" Menschen auskommen, weil dies aus bestimmten Gründen für Sie zielführend ist. Wenn Sie bereit sind, sich trotzdem auf sie einzulassen, auch ihre Vorstellungswelt zu betreten und sie besser verstehen und matchen können, werden Sie besser mit ihnen interagieren.

„Matchen können" heißt: Sie nehmen die besondere Herausforderung an, gerade bei diesen schwierigen Menschen zu untersuchen, welche Aufgaben, welche anderen Menschen und welches Arbeitsfeld zu ihnen passen und wie Sie sie als Führungskraft so unterstützen, dass sie eine gute Performance erzielen.

- *Effektiver agieren:* Sie werden weniger Energie aufbringen müssen, um mit Leuten klarzukommen, mit denen Sie bisher Schwierigkeiten hatten. Das wird die Zusammenarbeit und das Zusammenleben mit anderen Menschen entscheidend erleichtern. Sie müssen nicht mehr so viel Zeit damit verbringen, nach einem Gespräch darüber zu sinnieren, warum es mit dieser oder jener Person immer wieder schiefläuft.
- *Optimale Karriereplanung:* Suchen Sie Ihren ersten Job oder eine neue berufliche Herausforderung? Haben Sie das Gefühl, dass Sie in Ihrer derzeitigen Tätigkeit Ihre Stärken nicht ausspielen können? Matching hilft Ihnen dabei, zu überprüfen, ob Sie in ein Team oder Unternehmen passen.
- *Besserer Teamplayer:* Sie verbessern Ihre Fertigkeit als Teamplayer entscheidend. Ihr Umfeld wird Sie nicht nur als exzellenten Teamarbeiter empfinden, sondern auch als angenehmen Mitmenschen.

(Selbst-)Reflexion: So verbessern Sie Ihre Selbst- und Menschenkenntnis

Neben der Beschäftigung mit den Tools, die ich Ihnen gleich beschreiben werde, ist es die (Selbst-)Reflexion, die zur Steigerung Ihrer Selbst- und Menschenkenntnis beiträgt. Ich möchte sogar behaupten, dass Matching sowie Selbst- und Menschenkenntnis ohne die Fähigkeit zur (Selbst-)Reflexion weniger wert sind, weil es erst mit dieser gelingt, die erforderlichen Schlüsse aus Ihren Beobachtungen eigenen und fremden Verhaltens zu ziehen. Reflexivität unterstützt Sie dabei, sich von der egozentrischen Standpunktverhaftetheit zu lösen und einen Perspektivenwechsel vorzunehmen, der es Ihnen ermöglicht, die Dinge auch einmal aus anderen Blickwinkeln zu betrachten und zu beurteilen, sich in die Vorstellungs- und Wahrnehmungswelt anderer Menschen zu begeben und festzustellen, wie diese Menschen ticken und was sie wirklich bewegt.

Zur Verdeutlichung, wie (Selbst-)Reflexion und Selbst- sowie Menschenkenntnis zusammenhängen und Ihre Matchingkompetenz positiv beeinflussen, bitte ich Sie, sich nun mit den sechs Motivatoren oder Antreibern auseinanderzusetzen, die unser Tun und Handeln bestimmen oder zumindest beeinflussen. Bei der Beantwortung der Frage, warum wir uns so verhalten, wie wir uns verhalten, spielen mindestens drei Aspekte eine Rolle:

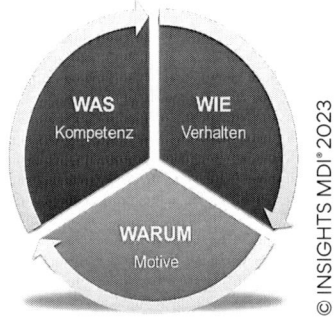

Abb. 1: Kompetenzen, Verhalten und Werte

- Beim „Was" geht es um die Kompetenzen eines Menschen, um seine Fähigkeiten und Fertigkeiten.
- Beim „Wie" steht das Verhalten im Mittelpunkt: Welche Persönlichkeitsmerkmale haben welchen konkreten Einfluss auf das Verhalten?
- Beim „Warum" sind die Werte, Einstellungen und Glaubenssätze eines Menschen wichtig: Welche Vision leitet ihn, welche übergeordneten Ziele sind für ihn bestimmend?

Mich interessiert vor allem das „Warum", also die Werte, Einstellungen und Glaubenssätze. Denn unser Entscheidungsverhalten ist häufig von unseren Werten und Überzeugungen abhängig. Wertvorstellungen steuern unser Verhalten und motivieren uns, uns Ziele zu stecken und sie umzusetzen. Unsere Werte beantworten die Frage: „Aus welchem Grund verhalten wir uns gerade auf diese Weise?" Das heißt: Sie geben Aufschluss über die zugrundeliegenden Motive unseres Handelns.

Oft sind die eigenen Werte allerdings unreflektiert und steuern unser Verhalten aus dem Unterbewusstsein. Deshalb ist es zielführend, sich Klarheit über sie zu verschaffen. Denn Ihre Werte mögen ein Grund sein, warum Sie zum Beispiel mit einem Job permanent unzufrieden sind, ohne jedoch genau zu wissen, warum das so ist.

Ich will auf der Basis der Erkenntnisse des deutschen Kulturphilosophen und Psychologen Eduard Spranger zwischen sechs grundlegenden Werten unterscheiden, die Spranger in seinem Buch *Lebensformen* bereits 1914 dargelegt hat. Selbstverständlich verfügt jeder Mensch über mehr als einen dieser sechs Werte. In der Regel sind zwei Werte besonders stark ausgeprägt. Sie bewirken, dass wir mit Energie, Motivation und Begeisterung an bestimmte Aktivitäten herangehen.

- Der *theoretische Wert:* Menschen mit einem hohen theoretischen Wert wollen ihr Wissen beständig erweitern und „die Wahrheit" entdecken. Dabei geht es ihnen weniger um die Anwendbarkeit ihres Wissens als vielmehr um die Erkenntnis selbst. Sie fällen deshalb kaum Urteile, sondern beobachten, ordnen, systematisieren und suchen nach objektiven Erkenntnissen. In praktischen und alltäglichen Dingen sind sie dagegen schnell hilflos, und ihre Gefühle zeigen sie nicht gerne. Sie bevorzugen Kontakte mit Menschen, die über viel Wissen verfügen, sodass sie von ihnen lernen können.

- Der *ökonomische Wert:* Menschen mit einem hohen ökonomischen Wert möchten viel Geld verdienen (möglichst mehr als die anderen!), in Wohlstand leben und sich für die Zukunft absichern. Was sie unternehmen, sollte sich „auszahlen" und Nutzen bringen – sie sind am praktischen Nutzen interessiert. Werte wie Schönheit oder Harmonie haben für sie keine Bedeutung.

- Der *ästhetische Wert:* Das Hauptaugenmerk gilt der äußeren Form, der Schönheit und Ästhetik. Nutzen und Anwendbarkeit sind dagegen ebenso unwichtig wie die Frage, warum etwas so schön ist. Hauptsache, es sieht gut aus oder fühlt sich gut an. Menschen mit einem hohen ästhetischen Wert sind Genießer, denen ein harmonisches Ambiente, Kunst, Lebensgenuss und intensive emotionale Erlebnisse am wichtigsten sind. Sie wollen sich selbst verwirklichen. Für die praktischen oder finanziellen Aspekte des Lebens haben sie wenig Verständnis.

- Der *soziale Wert:* Menschen mit einem hohen sozialen Wert nehmen an ihren Mitmenschen großen Anteil und sind ständig darum bemüht, anderen zu helfen und ihnen das Leben angenehmer zu machen. Dabei stellen sie sich selbst gern zurück. Sie sind großzügig, offen, emotional und legen eine positive Lebenseinstellung an den Tag.

- Der *individualistische Wert:* Macht, Führung und Karriere stehen für Menschen mit einem hohen individualistischen Wert im Vordergrund. Sie wollen Einfluss nehmen, Ansehen erlangen und sich von anderen abheben. Sie haben ambitionierte Ziele und setzen diese mit klugen Strategien um. Zu anderen Menschen entwickeln sie keine tiefen Beziehungen, weil sie vor allem mit sich selbst beschäftigt sind.
- Der *traditionelle Wert:* Menschen mit einem hohen traditionellen Wert werden von festen Überzeugungen geleitet. Für diese Überzeugungen setzen sie sich engagiert ein. Deshalb mögen sie keine Veränderungen, beharren vielmehr auf ihrer Weltanschauung. Sie versuchen, den höheren Sinn des Lebens zu begreifen und sind deshalb meist an Religion oder Philosophie interessiert.

Vielleicht erahnen Sie bereits die Bezüge zum Matching und zu der Fähigkeit, einzuschätzen, ob Menschen oder „Mensch und Position" beziehungsweise „Mensch und Tätigkeit" zueinander passen. Der erste Bezug: Angenommen, eine Person mit einem überwiegenden sozialen Wert würde als Wissenschaftler in einem Forschungslabor arbeiten. Sicherlich wäre der Wissenschaftler um das Wohlergehen seiner Kollegen bemüht – aber ob ihm das reichen würde? Wäre er nicht zufriedener mit und in einer Tätigkeit, in der er unmittelbar erleben könnte, wie Menschen von den Ergebnissen seiner Wissenschaft profitieren, weil sie diesen Menschen das Leben angenehmer machen? Meine Erfahrung jedenfalls besagt: Nur, wenn unsere Arbeit unseren inneren Werten entspricht, sind wir wirklich mit Feuereifer dabei. Und nur dann sind wir bereit, uns einzusetzen, uns zu engagieren und zu kämpfen, und werden nicht gleich bei der ersten beruflichen Enttäuschung aufgeben.

Kommen wir zum zweiten Bezug: Indem Sie darüber nachdenken und – mithilfe Ihrer Menschenkenntnis – einschätzen, welche der genannten Werte Ihre Mitarbeiter jeweils antreiben und zu

Bestleistungen motivieren, ist es Ihnen zum Beispiel möglich, Teams optimal zusammenzustellen und Mitarbeiter dort einzusetzen, wo sie sich entfalten, entwickeln und überdies leistungsstark agieren können.

Genau das sind treffliche Beispiele für die Vorteile einer Selbst- und Menschenkenntnis, mit der es gelingt, für sich selbst einen, im wahrsten Sinne des Wortes, „passenden" Beruf zu wählen oder einem Mitarbeiter – oder Team – eine Aufgabe zuzuordnen, welche zu ihm passt, weil sie seiner Motivationslage und seinem inneren Antreiber sowie darüber hinaus seiner Persönlichkeitsstruktur entspricht.

Zu diesem Ergebnis kam übrigens auch eine Studie, die die SCHEE-LEN® AG einst im Auftrag eines Allfinanzunternehmens durchgeführt hat. Sie zeigte, welche Werte und Verhaltensdimensionen bei den erfolgreichen Führungskräften besonders stark und welche weniger stark ausgeprägt waren. Die erfolgsrelevanten Ausprägungen waren das ökonomische und individualistische Motiv, verbunden mit einem Anteil sozialer Ausprägung (stärkster Wert bei niedriger Fluktuation im Team). In der Folge konnte das Unternehmen gezielt potenzielle Führungskräfte und Verkäufer mit diesem Werte- und Persönlichkeitsprofil ansprechen und auswählen – und nachweislich die Fluktuation in der Belegschaft reduzieren.

Unternehmenserfolg und Telemetrie

Vielleicht sind Sie schon ganz gespannt darauf, die Tools kennenzulernen, die in dem Matchingkonzept im Fokus stehen und mit denen es gelingt, Unternehmen Exzellenz aufzubauen sowie Transformationsprozesse zu schaffen. Im zweiten Teil und in den Kapiteln 2 bis 4 ist es so weit. Die Tools sind der wichtigste Bestandteil des Matchingkonzepts. Sie helfen Ihnen dabei, bestimmte Dinge messbar und einschätzbar zu machen, etwa die Persönlichkeits-struktur, die Kompetenzen, das Wohlbefinden. Denn was Sie genau messen können, können Sie auch besser machen – und in jeder Spitzenklasse, ob im Sport oder im Unternehmen, kommt es oft auf jene Zehntel an, die den Unterschied vor dem Wettbewerb machen. Ohne falsche Bescheidenheit kann ich sagen, dass mir dies immer wieder gelingt – warum ich als erfolgreicher Rennfahrer (siehe dazu www.scheelen-racing.com) von manchen Experten auch als „der schnellste Unternehmer Deutschlands" bezeichnet werde.

Im Zusammenhang mit der Messbarkeit spielt der Begriff der Tele-metrie eine zentrale Rolle: Diese Technik kommt an vielen Stellen unseres Lebens zum Einsatz – etwa in der Medizin, im Motorsport, bei Wetter-, Tier- und Verkehrsbeobachtungen. Speziell im Motorsport ist die Telemetrie die Basis für den Rennerfolg – und kann auf den Bereich Managementerfolg und Führungskräfteentwicklung übertragen wer-den: Es gibt Parallelen für die Analyse von Erfolgsfaktoren und die Ent-wicklung von Kompetenzen im Managementbereich im Allgemeinen.

Telemetrie kommt aus dem Griechischen und bedeutet „Fern-messung". Konkret geht es um die Übertragung von Messwerten zu einer räumlich entfernten Stelle. Dies geschieht über Fühler am Messort. Beim Motorsport liefert die Technik mit ihren Daten Renn-fahrern quasi permanent einen „Rundumblick": Die schnelle und prä-zise Analyse unzähliger in Echtzeit gelieferter Daten rund um Fahr-zeug und Fahrer zeigt Ingenieuren und Boxencrew innerhalb von Sekunden frühzeitig mögliche Defekte, überträgt zentrale Hinweise für die Fahrweise, hilft Fahrfehler zu erkennen und zu beheben. Der Transfer zum Unternehmensmanagement lautet:

Analog zum Motorsport gilt für die Unternehmen, alle re-levanten Daten zu erfassen, zu messen, zu analysieren und Optimierungen umzusetzen.

Und genau das leisten die Tools, um die es im Folgenden geht!

Ab in die Selbstreflexion!

Es gibt den theoretischen, den ökonomischen, den ästhetischen, den sozialen, den individualistischen und den traditionellen Wert und Motivator.

- Welche zwei Antreiber sind bei Ihnen entscheidend? Warum ist das so?
- Suchen Sie zu jedem der sechs Werte eine Beispielperson aus

  a. Ihrem Unternehmen,
  b. Ihrem Mitarbeiterteam,
  c. Ihrem Kreis der Stammkunden,
  d. Ihrem Bekanntenkreis.

- Beschreiben Sie die Personen so ausführlich wie möglich, um ein Gefühl für die jeweilige Werteausrichtung zu entwickeln. Die Reflexion hilft Ihnen, in Ihren Gesprächen mit Mitarbeitern, Interessenten/Neukunden oder Bewerbern die jeweiligen Antreiber immer besser einzuschätzen und (zum Beispiel) einem Mitarbeiter eine zu ihm passende Aufgabe zuzuteilen.

Kapitelfazit: Rück- und Ausblick

- Unternehmen brauchen ein Persönlichkeitsmatch. Indem Sie die Menschen (und sich selbst) beobachten und studieren und dann immer wieder in die (Selbst-)Reflexion gehen, erhöhen Sie Ihre Matchingkompetenz. Sie schätzen immer besser ein, ob zum Beispiel Menschen oder auch „Mensch und Position/Tätigkeit" beziehungsweise „Mensch und Unternehmen" zueinander passen.
- Im nächsten Kapitel lernen Sie mit INSIGHTS MDI® ein Tool kennen, mit dem Sie Ihre Fähigkeit professionalisieren, die Persönlichkeit von Menschen einzuschätzen.

TEIL II

GRUND-LAGEN & TOOLS

Kapitel 2
Das Persönlichkeitsmatch

Wie Menschen wirklich ticken und was Unternehmen wirklich brauchen

Der Match(ing)plan dieses Kapitels

- Sie lernen ein renommiertes Persönlichkeitsdiagnostiktool kennen, mit dem Sie die Persönlichkeitsstruktur und das Werte- und Emotionssystem anderer Menschen und sich selbst besser einschätzen können.
- Sie erfahren, dass Sie mit dem Persönlichkeitsdiagnostiktool Ihre Selbst- und Menschenkenntnis erhöhen – und damit Ihre Matchingkompetenz.
- Um zielorientiert matchen zu können, ist es erforderlich, die verschiedenen Persönlichkeitstypen und das Persönlichkeitsdiagnostiktool immer besser kennenzulernen.

„Who are you?" – Persönlichkeitstypologie als Hilfsinstrument für Matching

INSIGHTS MDI® vermittelt Ihnen das Wissen, andere Menschen besser einzuschätzen: Sie lernen, schnell zu erkennen, was andere brauchen, um sich wohlzufühlen, sich zu entspannen und sich auf ein Gespräch oder auf eine Beziehung mit Ihnen einzulassen. Sie lernen, den Persönlichkeitstyp Ihres Gegenübers zu analysieren und sich in Ihrem eigenen Verhalten darauf einzustellen. Das Ziel ist eine bessere Verständigung zwischen den Menschen, effektivere Kommunikation und ein größeres Verständnis für Stärken und Schwächen, die jeder von uns hat. Wichtig ist: Es geht nicht darum, andere zu verändern. Es geht darum, andere so zu verstehen, wie sie sind, und sich im eigenen Verhalten darauf einzustellen.

> *Je besser Ihnen das gelingt, umso optimaler können Sie Menschen matchen, also entscheiden, wo (Unternehmen, Arbeitsplatz, Team) diese aufgrund ihrer Persönlichkeitsstruktur gut hineinpassen.*

Bisher galt als goldene Regel in der Kommunikation immer der Satz: „Behandele andere so, wie du selbst behandelt werden willst." Ich hingegen setze auf diese Regel der Kommunikation: „Behandle andere so, wie sie selbst behandelt werden wollen." Dies gelingt Ihnen mithilfe des Persönlichkeitsdiagnostiktools, dessen Grundlagen wir uns jetzt näher anschauen und zu denen Sie auf meiner Website nähere Informationen finden, insbesondere unter www.scheelen-institut.com/profiling-tools/insights-mdi. Ich empfehle Ihnen zudem, sich sich näher mit einem unserer Musterberichte (etwa https://media.scheelen-institut.com/SCHEELEN_AG_Musterbericht_TriMetrix_EQ_Driving_Forces_de.pdf) zu beschäftigen – nutzen Sie einfach den nebenstehenden QR-Code.

Die Grundlagen des Modells: Die vier Grundtypen nach INSIGHTS MDI®

Es gibt zahlreiche Typologien – und es kommen immer wieder neue hinzu. Viele der Typologien ähneln sich und gründen auf demselben Fundament – zu den renommiertesten und bewährten Erklärungsmodellen menschlichen Verhaltens gehört das INSIGHTS-MDI®-Modell, dessen Wurzeln bei dem Psychologen Carl Gustav Jung liegen und das sich auf die Erkenntnisse von Jolande Jacobi und die Forschungen des amerikanischen Psychologen William Moulton Marston bezieht. C. G. Jung entwickelte mit „Einstellungen" und „Funktionen" zwei Schlüsselfaktoren, mit denen er die Menschen in Persönlichkeitstypen unterteilte. Unter Einstellungen versteht Jung die offensichtlichen Vorlieben (Präferenzen) eines Menschen für die „innere" oder die „äußere" Welt. Orientiert sich ein Mensch an der äußeren Welt, so bezieht er sich in seinem Denken, Fühlen und Handeln auf die objektive, materielle Welt. Extravertierte Menschen, wie sie auch genannt werden, entwickeln beispielsweise eine Idee, weil und wenn sie etwas sehen, und das inspiriert sie zu etwas, gibt ihnen zu denken oder macht sie glücklich.

Wer sich an der inneren Welt orientiert, also introvertiert ist, ist dagegen mehr auf das eigene Innenleben bezogen. Er beschäftigt sich mit seinen Gefühlen, Werten und Gedanken und bezieht aus ihnen seine Inspiration. Ein introvertierter Mensch wird zum Beispiel dadurch zu einer Arbeit motiviert, dass er seine Teamkollegen mag oder die Aufgabe seinen Werten entspricht. Ein extravertierter Mensch hingegen wird motiviert, weil er einen Dienstwagen erhält oder durch die Arbeit viel Aufmerksamkeit seiner Mitmenschen erfährt. Die Begriffe „Introversion" und „Extraversion" drücken also aus, in welche Richtung jemand hauptsächlich seine Energie leitet: nach innen oder nach außen.

Jung unterschied zudem vier menschliche Grundfunktionen, nämlich Denken, Fühlen, Intuition und Empfinden. Die Begriffe

„introvertiert" sowie „extravertiert" und diese vier menschlichen Grundfunktionen bilden das Gerüst des INSIGHTS-MDI®-Modells. Jung unterschied acht Typen:

- introvertiertes Empfinden
- introvertierte Intuition
- introvertiertes Denken
- introvertiertes Fühlen
- extravertiertes Empfinden
- extravertierte Intuition
- extravertiertes Denken
- extravertiertes Fühlen

William Moulton Marston wiederum fasste das menschliche Verhalten zu vier Verhaltensmustern zusammen und ordnete zur besseren Unterscheidbarkeit jedem Verhaltensmuster eine Farbe zu:

- rot – dominant
- gelb – intuitiv
- grün – stetig
- blau – gewissenhaft

Jolande Jacobi schließlich verknüpfte C.G. Jungs Typenlehre und William Moulton Marstons Verhaltensmuster zu einem eigenen Modell, das insbesondere verdeutlicht, dass die verschiedenen Verhaltensmuster zu Verhaltenstypen führen, deren Verhalten sich aber überschneidet. So entstehen Mischtypen, die in der Folge von anderen Psychologen immer weiter ausdifferenziert wurden.

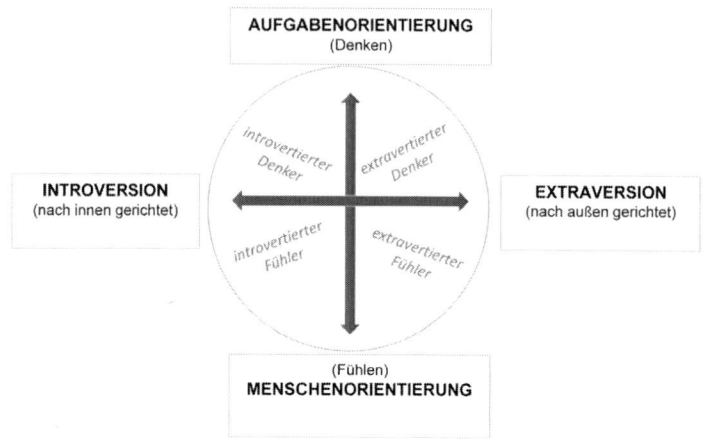

Abb. 2: Der Zusammenhang zwischen Introversion, Extraversion, Aufgaben- und Menschenorientierung

> **Das Modell kann, auch mithilfe onlinegestützter Verfahren, 60 individuelle Typen und über 500 Persönlichkeitsprofile beschreiben.**

Mit dem Instrument lassen sich die Verhaltenspräferenzen von Menschen objektiv, zuverlässig und valide messen. Die Verhaltensdiagnose beruht auf einem Fragebogen, der mithilfe eines Onlinetools ausgewertet wird. Eine weitere Ausdifferenzierung erfolgt durch die Integration von zwölf Motivatoren sowie dem EQ-Tool, das den Aspekt der emotionalen Intelligenz aufgreift, um die Verhaltenspräferenzen von Menschen noch besser einschätzen zu können. Insbesondere das Tool zur emotionalen Intelligenz (EQ) lässt Rückschlüsse auf die Fähigkeit eines Menschen zu, emotional stabile Beziehungen zu anderen Menschen aufzubauen und konstruktiv mit ihnen zu interagieren. Ungefähr 90 Prozent des Unterschieds zwischen erfolgreichen und weniger erfolgreichen Führungskräften kann mit emotionaler Kompetenz erklärt werden. Die gute Nachricht dabei ist: Die emotionale Intelligenz eines Menschen ist entwickelbar, indem das Augenmerk auf die Fähigkeiten der Selbstwahrnehmung, der Selbstregulierung, der sozialen Wahrnehmung sowie der sozialen Regulierung gelegt wird.

Von roten, gelben, grünen und blauen Typen

Die praktische Bedeutung des INSIGHTS-MDI®-Modells kommt zustande, weil es jene vier Farb- oder Grundtypen unterscheidet, zu deren Beschreibung zahlreiche eingängige Metaphern herangezogen werden. Jedem Typ werden eine typische Motivationsstruktur sowie bestimmte Schwächen und Stärken und dominierende Emotionen zugeschrieben. Welche dies sind, erfahren Sie gleich. Wichtig ist der Hinweis, dass aus jenen vier Grundtypen acht Haupttypen abgeleitet worden sind, um der Tatsache Rechnung zu tragen, dass es zahlreiche Mischformen gibt. Da das Modell für den Alltagsgebrauch in Mitarbeiterführung, Personalauswahl, Verkauf und Kommunikation sehr praxisorientierte Hilfe zur Verfügung stellt, hat es einen hohen praktischen Nutzen.

Das Modell spricht sehr anschaulich vom roten, gelben, grünen und blauen Typ. Zu beachten ist: Es misst Verhalten und Emotionen. Es fragt, wie wir etwas tun, aber nicht, was wir tun und warum wir es tun. Lassen Sie uns zur ersten raschen Orientierung in aller Kürze festhalten:

- Der *rote Typ* ist dominant, extravertiert und fordernd, er tritt entschlossen und willensstark auf und geht sehr sach- und zielgerichtet sowie ergebnisorientiert vor. Oft tritt er anderen Menschen gegenüber sehr autoritär auf. Der risikofreudige Rote ist voller Energie und findet seine Erfüllung in ständiger Aktivität und Handlungsbereitschaft.
- Der *gelbe Typ* wird in dem Modell als initiativ, umgänglich und fröhlich, offen, überzeugend und redegewandt beschrieben. Er verfügt über eine positive Ausstrahlung und ist

bemüht, mit anderen Menschen gute Beziehungen aufzubauen. Wie der rote Typ ist er eher extravertiert.

- Der *grüne Typ* ist eher introvertiert veranlagt. Er kann als
  stetig, achtsam, mitfühlend und geduldig beschrieben werden. Er gilt als beständig und zuverlässig und ist besorgt
  um das Wohl seiner Mitmenschen, mit denen er eine möglichst spannungsfreie und kooperative Beziehung aufbauen
  möchte. Er liebt die Sicherheit bietende Umgebung.
- Der *blaue Typ* ist gewissenhaft und geht vorsichtig, besonnen
  und präzise vor. Deshalb hinterfragt er Informationen und
  überlegt sich eine Sache lieber einmal zu viel, als sich selbst
  den Vorwurf machen zu müssen, nicht sorgfältig genug ge-
  handelt zu haben. Er geht analytisch vor und ist introvertiert –
  daher wirkt er oft distanziert. Autoritäten gegenüber verhält er
  sich ablehnend.

Einschätzungen stets hinterfragen
Bei allen Beschreibungen gilt: Ist ein Charakterzug zu stark ausgeprägt, kann eine vermeintliche Stärke in eine Schwäche um-
schlagen. Beispiele sind:

- Die zielgerichtete Dominanz des Roten führt dazu, dass er
  seinem Gesprächspartner nicht richtig zuhört, weil er schnell
  zu dem Ziel gelangen will, das er sich vorgenommen hat. Er
  verliert mögliche Handlungs- und Entscheidungsalternativen
  aus dem Blickfeld und ist oft geneigt, allein auf ein Ziel zuzu-
  stürmen – darüber vergisst er, mögliche Partner mit ins Boot
  zu holen.
- Durch seine offene und initiative Art wirkt der gelbe Typ auf
  andere Menschen oft aufdringlich, zudem kann ihm eine gewisse Naivität und Oberflächlichkeit nicht abgesprochen
  werden.

- Der grüne Typ hat Probleme, auf Veränderungen an-gemessen zu reagieren – er meidet sie lieber. Seine Angst vor der Veränderung und damit vor Risiken führt ihn zu einer eher negativen Haltung, seine Stetigkeit kann zu Sturheit führen.
- Der blaue Typ mit seiner sorgfältigen Art wirkt oft penibel bis zur Kleinlichkeit. Seine Liebe zum Detail führt zu einer Ein-schränkung seiner Handlungsfähigkeit, zudem neigt er zur Schwarz-Weiß-Malerei.

Die Kenntnis dieser vier Grundtypen bietet Ihnen eine erste Hand-habe, sich selbst und andere Menschen einzuschätzen und zu matchen – dabei sollten Sie sich der Relativität einer solchen Ein-schätzung bewusst sein. *Dazu ein Beispiel:* Der Mitarbeiter Müller gehört zu dem blauen Typ und ist sehr penibel, ordentlich und ge-wissenhaft. Kollegin Schmidt hingegen darf als Chaotin bezeichnet werden. Der Mitarbeiter Huber steht – was seine Ordnungsliebe anbelangt – zwischen beiden. Wie würden der blaue Mitarbeiter Müller und die rote Chaotin Schmidt nun ihren gemeinsamen Kolle-gen Huber beurteilen? Herr Müller würde den Kollegen Huber wahrn scheinlich als einen unordentlichen Menschen bezeichnen, während Frau Schmidt ihn als Pedanten titulieren würde. Natürlich haben beide Recht – jeder betrachtet den Kollegen Huber durch seine indi-viduelle und subjektiv gefärbte Brille. Beide bewerten den Kollegen aus ihrer Warte und kommen zu unterschiedlichen Ergebnissen – je nachdem, wie sie sich selbst sehen. Diesen Sachverhalt sollten Sie bei Ihren eigenen Einschätzungen stets berücksichtigen.

Konsequent matchen

Wie enorm wichtig die Kenntnis einer Persönlichkeitstypologie ist, erlebe ich jeden Tag. Aber auch bezogen auf uns selbst ist es hilf-reich, die Selbst- und Menschenkenntnis mit einer Typologie zu er-weitern, um auf diese Weise die Matchingkompetenz auszubauen. Das erinnert mich an ein Erlebnis, das knapp 30 Jahre her ist. Ich war noch relativ jung und unerfahren, ich arbeitete für einen Groß-konzern in der Schweiz, nachdem ich mein betriebswirtschaftliches Studium beendet hatte. Da wurde eine Stelle im Controlling frei. Hinsichtlich meiner Karriereentwicklung war das wirklich sehr span-nend – aber das Controlling war überhaupt nicht meine Welt: Ich als extravertierter Visionär in einem Team aus drei Personen, in dem außer „Guten Morgen" den ganzen Tag nichts gesprochen wurde … Da können Sie vielleicht schon vorausahnen, was passierte: „Talent trifft auf Gegenteil", wie ich das heutzutage in den Seminaren und Vorträgen immer nenne.

Ich als Gelb-Roter, der in ein blau-grünes Umfeld katapul-tiert wurde, in dem weder inspirierend-herausfordernde Kom-munikation noch Innovation und erst recht nicht Kreativität und Austausch gegeben waren, fühlte am eigenen Leib, was ich heute – unterstützt von Studien – sagen und bestätigen kann: Wenn es zu einem Mismatch (auch Dismatching ge-nannt) kommt, können die Folgen für den Menschen und das Unternehmen fatal bis desaströs sein.

Die genannte Konstellation (also gelb-rote Person im blau-grünen Umfeld) nutzt niemandem, weder dem Arbeitnehmer, noch dem Team und der Abteilung – und auch nicht dem Unternehmen. Und die persönlichen Auswirkungen sind gleichfalls fatal: Wie oft bin ich abends vollkommen energielos und ausgepowert nach Hause ge-kommen. Daher ist es so wichtig, den Unternehmen, aber auch Be-werbern, die Hilfestellung zu geben, zu matchen, die richtigen Ta-lente an die richtigen Stellen zu setzen und vor allem die Werte zu identifizieren und zu matchen und die Laufbahnen konsequent da-nach auszurichten. Und sie dabei zu unterstützen, zu erkennen, wie wichtig es ist, dass eine Führungskraft weiß, mit welchem Mitarbeiter sie zu tun hat, dass ein Verkäufer weiß, mit welchem Kundentyp und

Entscheider er in das entscheidende Gespräch und die wichtige Verhandlung geht.

Es wäre damals nur eine Frage der Zeit gewesen, wann ich entweder einen Bore-out oder einen Burn-out bekommen hätte, da sowohl die Werte und Interessen als auch besonders der Punkt „Sinnhaftigkeit in der Arbeit" gar nicht zusammengepasst hatten. Wohl dem also, der eine Persönlichkeitstypologie sinnvoll einsetzen kann, um – in diesem Fall – Position und Mensch zu matchen.

Praxisbeispiele für die vier Grundtypen

Damit Sie sich gründlich mit den vier Grundtypen vertraut machen können, will ich sie Ihnen nun ausführlicher beschreiben. Die Abbildung 3 zeigt die vier Grundtypen im Überblick.

- vorsichtig
- präzise
- besonnen
- hinterfragend
- formal
- analytisch

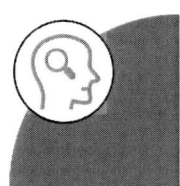

- fordernd
- entschlossen
- entschieden
- zielgerichtet
- willensstark
- sachorientiert

- vertrauensvoll
- ermutigend
- mitfühlend
- geduldig
- freundlich
- entspannt

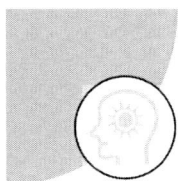

- umgänglich
- enthusiastisch
- ausdrucksstark
- dynamisch
- offen
- überzeugend

© Success Insights 2023

Abb. 3: Die vier INSIGHTS-MDI®-Grundtypen

Der rote Persönlichkeitstyp: Entschiedener Macher und zielgerichtete Kämpferin

Dieser Typ ist, wie gesagt, dominant und geht sehr sach- und zielgerichtet sowie ergebnisorientiert vor. Seine Stärken liegen neben Selbstbewusstsein und Entschlossenheit in der natürlichen Autorität: Er wird als Experte wahrgenommen. Eine rote Persönlichkeit ist sehr handlungsorientiert, liebt schnelle Entscheidungen, treibt oftmals zur Eile an und wirkt diktatorisch. Er hat am liebsten die Kontrolle über alle Abläufe in seiner Hand. Er ist sehr kritisch, auch sich selbst gegenüber.

Rote Typen können auf andere aggressiv wirken. Zu ihren Schwächen gehört, dass sie zu ungeduldig sind, nicht richtig zuhören und zu schnell zur Sache kommen. Es ist zuweilen mühsam mit dem roten Typ. In Präsentationen oder Projektbesprechungen unterbricht er Kollegen häufig oder widerspricht ihnen, um die Kontrolle zu behalten. Er weiß sehr genau, was er will – ein Nein akzeptiert er nicht so schnell. Geduldiges Zuhören gehört nicht zu seinen Stärken, manchmal ist er blind für Alternativen. Mit seinem hochgradigen Expertenwissen, mit welchem er gern glänzt, und seiner natürlichen Autorität wirkt er auf Kollegen, Mitarbeiter und Kunden zuweilen einschüchternd. Menschen, die Wert auf eine menschlich-freundschaftliche Beziehung legen, fällt der Umgang mit ihm schwer. Wer hingegen kein Problem damit hat, sich im Gespräch leiten zu lassen, ist bei ihm an der richtigen Adresse.

Der rote Macher sollte daher an seiner Fähigkeit arbeiten, aktiv zuzuhören und Gespräche mit Kunden und Mitarbeitern durch Fragen zu leiten: Wer zuhört, erfährt mehr über den Gesprächspartner, als wenn er selbst Monologe hält. Da er oft als überrumpelnd, ja aggressiv wahrgenommen wird, sollte er überdies lernen, sich zurückzunehmen, andere Argumente zu überdenken und auch einmal etwas aus einer anderen als der eigenen Perspektive zu sehen.

Rote Macher sind an den folgenden typischen Redewendungen zu erkennen:

- „Wann sind Sie damit fertig?"
- „Was machen Sie beruflich?"
- „Waren Sie schon einmal in Australien? Auf meiner letzten Reise ..."
- „Ich habe jetzt keine Zeit, machen Sie mir doch eine kurze Notiz."
- „Da habe ich aber ein Wörtchen mitzureden."
- „Nicht in meinem Haus!"
- „Ich will Ihnen/dir jetzt mal eins sagen ..."
- „Ich sehe das so: ..."

Seine Körperhaltung drückt Selbstbewusstsein aus: Mit erhobenem Kopf versucht er, auf einen herab oder zumindest herablassend zu blicken. Meist nimmt er viel Raum ein, sitzt breitbeinig auf einem Sofa, ausladend im Sessel und hat auch in einer großen Menge immer Platz um sich. Dabei zeigt er nicht gern Gefühle – außer seinen Ärger. Den zu äußern bereitet ihm keine Probleme. Wenn andere bummeln, ihn warten lassen, seine Zeit mit für ihn unwichtigem Zeug vertrödeln, dann zeichnet sich sein Unwillen schnell auf seinem Gesicht ab. Ist er unbeherrscht, lässt er seinem Ärger freien Lauf und brüllt andere auch schon mal an. Hat er sich mehr im Griff, dann wird sein Gegenüber den Ärger auf sublimere Weise zu spüren bekommen, sei es in Form von Sticheleien oder zynischen Bemerkungen.

Der Rote mag eine sachliche Atmosphäre. Zu Hause richtet er sich möglichst funktional ein, besitzt modernes technisches Gerät und verzichtet am liebsten auf jeden Schnickschnack und zu viel Dekor. Sein Büro ist, wenn es möglich ist, so eingerichtet, dass man gleich den Chef erkennt: große schwere Möbel oder teure Designerware. Sicherlich hat er einen großen Schreibtisch, auf dem er alles übersichtlich ordnen kann und der auch für genügend Distanz zu einem Gesprächspartner sorgt. An den Wänden hängen Bilder berühmter Maler (damit will er seinen Sachverstand zeigen), Poster oder Plakate, die auf seine Erfolge hinweisen oder aufputschende Botschaften. Oft verfügt er auch über eine große Pinnwand, etwa für Organigramme und Pläne.

Im Job ist er ein „Macher" – er will bestimmen, was gemacht wird, und setzt das dann auch durch. Er setzt sich klare Ziele, die immer ein bisschen über denen anderer liegen. Dann orientiert er sich nur noch am Ergebnis, nimmt wenig Rücksicht auf seine Mitmenschen und wird von diesen deswegen auch nicht unbedingt gemocht – was ihm aber meistens egal ist. Dabei trampelt er nicht mit Absicht auf den Gefühlen anderer herum – denn er will den anderen nichts Böses. Aber er will seine Ziele durchsetzen, und die sind ihm wichtiger als die Interessen und Gefühle der anderen.

Der gelbe Persönlichkeitstyp: Eloquenter Redner und begeisternde Visionärin

Dieser extravertierte Typ ist umgänglich, fröhlich und offen. Er verfügt über eine positive Ausstrahlung und will mit den Menschen gute Beziehungen aufbauen. Der Gelbe liebt es, neue Bekanntschaften zu knüpfen. Er ist kreativ und will als Visionär gerne seine Träume verwirklichen. Er plaudert gerne über dies und das, bevor er zur Sache kommt. Seine Vorschläge und Ideen sind oft genial, aber zuweilen auch unrealistisch. Seine Widersacher sind die Detailverliebten, die sich nicht von seiner Begeisterung und seinem Elan mitreißen lassen, sondern seine Luftschlösser so lange hinterfragen, bis sie in sich zusammenfallen. *Allerdings*: Der gelbe Typ wirkt manchmal oberflächlich. Selten übernimmt er die Verantwortung für bestimmte Entscheidungen. Insbesondere dann nicht, wenn etwas schiefgeht. Er liebt ein kollegiales, lockeres Umfeld, in dem sich jeder frei ausleben kann. Dies kann jedoch dazu führen, dass Absprachen nicht ernst genommen und übertragene Aufgaben nicht zielgerichtet erledigt werden. Er bleibt nicht lange bei einem Thema; wenn er etwas nicht genau verstanden hat, fragt er nicht nach, sondern übergeht die Sache leichthin. Vor allem möchte er ziemlich viel selbst erzählen.

Und seine Augen schweifen immer umher, er wirkt schnell unruhig und manchmal auch etwas fahrig. Bald wird er sich wieder von Ihnen verabschieden, weil irgendeine andere Person auf ihn wartet.

Aufgrund seiner Eloquenz und verbindlich-optimistischen Art stellt er schnell eine emotionale Beziehung zu anderen Menschen her – er kann sie schnell begeistern. Er muss darum darauf achten, das Gesagte im Gespräch mit konkreten Informationen zu unterfüttern, er muss sich daher etwa auf Mitarbeitergespräche gut vorbereiten. Er neigt außerdem dazu, Konflikten und schwierigen Gesprächssituationen auszuweichen – er lässt es gerne „menscheln". Und das ist auch in Ordnung, solange er dabei nicht die Grenze zur Aufdringlichkeit überschreitet. Denn dadurch würde er die Gesprächspartner verschrecken, die eher Wert auf Fakten legen.

Und das sind die typischen Redewendungen, an denen Sie einen gelben Visionär erkennen:

- „Wie schön, Sie hier zu sehen!"
- „Kennen Sie den Witz: ..."
- „Wussten Sie, dass der XY jetzt bei der Firma AB arbeitet?"
- „Ich habe da eine geniale Idee."
- „Wir müssen uns unbedingt bald wiedersehen!"
- „Es war so nett, sich mit Ihnen zu unterhalten, aber ich muss jetzt leider, leider gehen."
- „Tut mir leid, dass ich zu spät komme, aber ich wurde aufgehalten."
- „Ach, wo habe ich denn das nur hingelegt?"

Seine Mimik und Gestik zeigen sein Entgegenkommen. Er berührt Sie, schüttelt Ihnen die Hand, packt Sie am Arm oder klopft Ihnen herzlich auf den Rücken. Er ist meistens recht locker drauf, und das zeigt sich in seinen Bewegungen. Er wird sich auf den Stuhl fallen lassen oder es sich im Sessel bequem machen, nur um bald wieder aufzuspringen, um Ihnen irgendetwas zu demonstrieren.

Ein gelber Typ lässt sich meist von seinen Gefühlen leiten und ist himmelhoch jauchzend und zu Tode betrübt, aber meistens Ersteres. Er ist ein von Grund auf fröhlicher Mensch und so leicht zieht ihn nichts runter. Wenn es ganz schlimm kommt, kann er in tiefe Löcher fallen, aber darin bleibt er nicht lange. Vor allem deshalb, weil sein Blick meist in die Zukunft gerichtet ist. Da erblickt er immer wieder neue Chancen und neue Perspektiven. Ist was schief gegangen? Macht nichts, beim nächsten Mal klappt es bestimmt! Mit seiner unbeschwerten Art kann er andere mitreißen und ungemein motivieren.

Im Beruf besticht er durch Kreativität. Er hat Hunderte von Ideen, und darunter sind auch viele wirklich gut. Er wird von etwas in seiner Umwelt inspiriert und schon hat er eine Eingebung, wie man das auf die eigene Firma übertragen könnte. Allerdings verfolgt er nicht alle seiner Ideen bis zum Ende. Er lässt sich leicht ablenken, und kaum hat er die eine Idee gesponnen, kommt ihm schon wieder die nächste. Umsetzen sollen sie andere. Er sitzt nicht gern lange am Schreibtisch, sondern braucht Menschen um sich, redet mit Kollegen, ist immer auf dem neuesten Stand der Informationen.

Der grüne Persönlichkeitstyp: Zuverlässige Vertraute und versorgender Familienmensch

Dieser introvertierte Typ ist mitfühlend und geduldig, beständig und zuverlässig. Mit seinen Mitmenschen möchte er eine spannungssfreie und kooperative Beziehung aufbauen. Dabei drängt es ihn nach Beständigkeit und Sicherheit. Er beschäftigt sich viel mit der Beziehungsebene zwischen Menschen und kann sich auf andere einlassen. Dabei agiert er sehr zuverlässig, höflich, aber auch zurückhaltend. Mit seiner schweigsamen Art hat er Schwierigkeiten, andere zu motivieren und zu begeistern. Zudem strahlt er eine grundsätzliche Unentschiedenheit und Skepsis aus. Das macht es schwer, von ihm eine klare Aussage zu bekommen. Er hält sich gerne alle Türen offen.

Der Grüne ist ein bodenständiger Typ, der dem Gesprächspartner gegenüber partnerschaftlich und loyal auftritt, ihn sachlich und detailliert informiert. Er versucht, sich in ihn hineinzuversetzen, ist die Zuverlässigkeit in Person, ein anerkannter Beziehungsmanager und beliebter Kollege. Unermüdlich arbeitet er an Strategien und Methoden, mit denen er die Wünsche anderer Menschen erkennen und diese langfristig an sich binden kann. Doch seine Stärken sind zugleich die Ursachen für seine Schwächen: Im Gespräch wirkt er zu zurückhaltend, er überlässt dem Gesprächspartner die Initiative und legt wenig Entscheidungsfreude an den Tag. Durch das Festhalten am Bestehenden, die Angst vor Veränderungen und ein stark ausgeprägtes Sicherheitsbedürfnis verpasst er oft Entwicklungschancen. Denn er ist der Meinung, die Entscheidung und die Einwände anderer Menschen sowieso nicht steuern oder entkräften zu können. Bei einem dominanten Gesprächspartner geht er manchmal den unteren Weg.

Der Grüne ist also reserviert, aber auch höflich und umgänglich. Er wartet ab, welchen Menschen er vor sich hat. Erweist sich dieser als vertrauenswürdig, dann wird er sich öffnen. Oder eben nicht. Er sollte im Gespräch aktiver vorgehen, also mehr agieren als reagieren. Zum anderen würde ihm etwas mehr Begeisterung und Enthusiasmus gut stehen. Durch ein größeres Selbstvertrauen und mehr Vertrauen in seine Argumente würde er an Überzeugungskraft gewinnen.

Typische Redewendungen sind:

- „Erzählen Sie mir doch erstmal in Ruhe, worum es sich handelt."
- „Ich muss mir das erst noch überlegen."
- „Ist das nicht ein bisschen riskant?"
- „Bisher haben wir das immer so gemacht."
- „Was lesen Sie gern?"

- „Kann ich Ihnen helfen?
- „Wir sollten auch berücksichtigen, was XY eben gesagt hat."

Seine Körpersprache ist bedeckt, er verwendet keine großen Gesten und verzieht sein Gesicht nicht in lebhafter Mimik. Seine Körperhaltung wird immer etwas Abwehr zum Ausdruck bringen, etwa durch verschränkte Arme oder übergeschlagene Beine. Er strahlt aber auch viel Gelassenheit und innere Ruhe aus, sitzt da, ohne zu wippen, zu schaukeln, sondern so, als ruhe er in sich selbst – auch wenn das nicht stimmt. Hat er sich geöffnet, kann er sehr herzlich auf andere zugehen. Dann strahlt seine Körperhaltung Entgegenkommen aus.

Meistens verbirgt er seine Emotionen und zeigt sie nur im engsten Familien- und Freundeskreis – zumal er sowieso ein Familienmensch ist. Dabei hat er durchaus viele Gefühle. Aber er hält es für besser, sie Fremden oder flüchtigen Bekannten gegenüber nicht so deutlich zum Ausdruck zu bringen. Er befürchtet, dass andere ihn ausnutzen könnten und ihm daraus ein Nachteil entsteht. Nach außen strahlt er Ruhe und Gelassenheit aus. Seine größte Stärke ist sein Mitgefühl für andere. Er kann sich gut in sie hineinversetzen und wirklich verstehen, was sie wollen.

Im Job ist er ein sehr beständiger Arbeiter, der gern seine Routine hat, gewohnte Strukturen braucht und am liebstem weiß, was ihn erwartet. Er ist sehr verlässlich und ideal für Teamarbeit geeignet: Er gleicht Gegensätze aus, sucht Kompromisse und stellt seine eigenen Bedürfnisse für die Gruppe auch einmal zurück. Er ist sehr einfühlsam und kann von den vier Farbtypen am besten verstehen, was in anderen vorgeht, und darauf eingehen. Deshalb ist er in allen Berufen stark, die diese Fähigkeit erfordern.

Der blaue Persönlichkeitstyp: Zurückhaltender Analytiker und detailverliebte Denkerin

Dieser Typ hinterfragt Informationen und überlegt sich eine Sache lieber einmal zu viel als zu wenig. Er geht analytisch vor und wirkt oft distanziert. Er analysiert gründlich alle Aspekte einer Frage, bevor er sich ein Urteil bildet. Er ist ein Experte auf seinem Gebiet. Er kennt jedes Detail und weiß auf jede Frage eine Antwort. Aber nach außen hin wirkt er eher distanziert und scheinbar unbeteiligt. In schwierigen Situationen hört er nachdenklich und sehr genau zu. Dabei sammelt er Zahlen, Daten und Fakten. Seine Faszination für Details kann allerdings zur Folge haben, dass er das große Ganze aus dem Blick verliert. Probleme hat er mit Menschen, die nicht auf den Punkt kommen und viel reden. Der blaue Typ wirkt oft etwas steif, still und verschlossen, was den Kontakt behindern kann. Bei gesellschaftlichen Ereignissen und großen Veranstaltungen fühlt er sich oft unwohl, denn er ist kein Typ für Small Talk.

Dieser sach- und aufgabenorientierte Typ folgt in allen Lebenslagen dem Motto: „Erst nachdenken, prüfen und nochmals prüfen – und dann handeln." Bevor er dem Gesprächspartner zu etwas rät, hat er die Sache gründlich durchdacht, alle verfügbaren Informationen eingeholt, das Für und Wider sorgfältig abgewogen. Aber: Menschliche Beziehungen leben auch davon, dass zwischen den Menschen ein Vertrauensverhältnis entsteht, und damit hat der introvertierte Blaue häufig Schwierigkeiten. Seine Detailverliebtheit kann zur Entscheidungsschwäche führen, seine Furcht, eine Fehlentscheidung zu treffen, zu mangelnder Handlungsorientierung.

Seine typischen Redewendungen lassen sich wie folgt zusammenfassen:

- „Das muss ich mir erst einmal in Ruhe überlegen."
- „Kommen wir doch gleich zur Sache."
- „Beachten Sie bitte auch dieses Detail: ..."

- „Dann haben wir also folgende Abmachung ...“
- „Ich denke, da täuschen Sie sich. Betrachten Sie das einmal so ...“
- „Ich habe lange darüber nachgedacht und bin zu der festen Überzeugung gelangt, dass ...“
- „Ich muss mir diese Unterlagen erst mal in Ruhe durchlesen.“

Seine Körpersprache ist sehr reduziert. Er wirkt immer ein bisschen steif, manchmal unbeholfen. Er zeigt weder lebhafte Gestik noch Mimik, da er sehr beherrscht ist und sich stark selbst kontrolliert. Er steht nicht gern im Mittelpunkt und darum versucht er, durch seine Körpersprache nicht aufzufallen. Vor allem zeigt er seine Gefühle nicht; man wird ihn, vor allem im beruflichen Umfeld, niemals in lautes Lachen ausbrechen hören. Er ist ungemein ordentlich, fast schon penibel. Sein Büro ist immer aufgeräumt, auf seinem Schreibtisch liegt nur das, was er gerade für seine Arbeit braucht.

Natürlich verfügt auch ein Blauer über die ganze Palette der Emotionen, aber es ist ihm kaum anzumerken. Gefühle laufen bei ihm immer über den Verstand. Wenn Sie ihn fragen, ob er glücklich ist, wird er antworten: „Ich denke, ja.“ Wie es ihm geht, merken Sie eher an seinen Handlungen als an seinen verbalen Äußerungen. Seine wichtigste Emotion, mit der er sich selbst am meisten auseinandersetzen muss, ist die Angst – er hat zum Beispiel große Angst davor, etwas falsch zu machen. Er ist ein Perfektionist und kann sich Fehler nur schwer verzeihen. Deshalb kann er Kritik nur schwer einstecken. Er kann zudem mit Chaos nicht umgehen und braucht feste Strukturen. Deshalb strengt er sich enorm an, alles so perfekt wie möglich zu erledigen.

Im Beruf ist er vor allem ein disziplinierter, strukturiert vorgehender Arbeiter, der seine Ruhe und Ordnung benötigt. Er ist für alle Aufgaben bestens geeignet, bei denen Gründlichkeit und objektive Analyse gefragt sind. In Tätigkeiten, bei denen der Kontakt zu Menschen im Vordergrund steht, fühlt er sich nicht wohl. Wenn er ein Projekt bearbeitet, macht er sich zunächst einen Plan und dringt dann immer mehr in die Tiefe. Das braucht seine Zeit, für Schnellschüsse ist er nicht zu haben. Er überlegt intensiv, checkt alle Seiten ab und entwickelt Alternativen und Optionen, an die andere nie gedacht hätten. Was der gelbe Typ durch kreative Einfälle schafft, das bewirkt er durch gründliches Nachdenken. Nur, dass er dann auch noch weiß, wie das Ganze umzusetzen ist. Dafür ist er aber kein Zukunftsdenker. Er geht immer von den bisher gemachten Erfahrungen aus, absolut neue, revolutionäre Einfälle hat er deshalb nicht.

Ab in die Selbstreflexion!

- Damit Sie ein Gefühl dafür gewinnen, welche Persönlichkeitseigenschaften die Grundtypen aufweisen, sollten Sie jetzt versuchen, sich selbst und (zum Beispiel) Ihre Kollegen, Mitarbeiter und Kunden jeweils einem der Grundtypen zuzuordnen.
- Sie haben die Beschreibungen der Farbtypen gelesen. Nutzen Sie bei der Übung das Vokabular, das Sie kennengelernt haben. Sie werden merken, wie Sie immer vertrauter mit den Begrifflichkeiten umgehen – das ist die Grundvoraussetzung dafür, später effektiv matchen zu können.

Machen Sie sich mit der Typologie immer mehr vertraut

Insbesondere im Recruiting, bei der Mitarbeiterführung und im Kundenkontakt sind Potenzialanalysen von INSIGHTS MDI® ein unerlässliches und hilfreiches Werkzeug, um Menschen richtig einzuschätzen. Führungskräfte etwa sind in der Lage, die Verhaltenspräferenzen der Mitarbeiter besser einzuordnen und sie darauf vorzubereiten, wie sie am besten in die Welt des jeweiligen

Gesprächspartners eintauchen können. Zudem erhalten Sie damit einen Überblick über die eigenen Verhaltenspräferenzen, Stärken und Fähigkeiten. Sie können Ihre Wirkung auf andere einschätzen und mit Überzeugung und Aufrichtigkeit auf Mitarbeiter und Kunden zugehen. Sie lernen, Ihre Stärken bewusst einzusetzen und Ihre Schwächen bewusst zu vermeiden. Eine Führungskraft, die nach der Analyse weiß, dass sie – zum Beispiel – zum gelben Typus gehört, ist sich der Tatsache bewusst, dass sie aufgrund ihrer allzu kommunikativen Art auf Mitarbeiter und auch Kunden aufdringlich wirken könnte. Da die meisten Gelben schlecht „Nein" sagen können, wird dies von den Mitarbeitern oft ausgenutzt. Wenn Sie zu den gelben Führungskräften gehören, haben Sie nun aber die Möglichkeit, an Ihrer Außenwirkung zu arbeiten und Schwächen abzustellen. Zudem erhalten Sie als Führungskraft Aufschluss über die besonderen Fähigkeiten, Stärken und Schwächen Ihrer Mitarbeiter. Sie werden zum Beziehungsmanager und gehen individuell auf sie ein. Nehmen wir als Beispiel das Kritikgespräch – wie sollte sich eine Führungskraft verhalten?

- Im Gespräch mit dem roten Mitarbeiter wird sie sehr konkret. Der rote Typ reagiert bei Kritik zuweilen aggressiv und ungeduldig, vor allem dann, wenn er sie als ungerechtfertigt empfindet. Die Führungskraft begründet die Kritik daher ausreichend und führt ihm klar vor Augen, welche Folgen sein Verhalten hat.

- Bei der gelben Mitarbeiterin besteht die Gefahr, dass sie die Kritik als persönlichen Angriff missversteht. Zudem ignoriert sie konfliktträchtige Angelegenheiten häufig. Die Führungskraft trägt ihre Kritik daher behutsam vor. Neben dem sachlichen Aspekt achtet sie auf die Beziehungsebene.

- Der grüne Typ reagiert auf Kritik oft sehr verunsichert und nimmt sie wie ein Urteil hin. Die Führungskraft versucht daher, ihn bei der Konfliktlösung zur aktiven Teilnahme zu motivieren. Das gelingt am besten, wenn sie ihm alle wichtigen Hintergrundinformationen zu dem Konflikt an die Hand gibt.

- Der blaue Typ neigt dazu, Kritik einer übergenauen Analyse zu unterziehen. Die Aufgabe der Führungskraft besteht darin, ihn von der Konfliktanalyse zur Konfliktlösung zu führen. Da dieser vorsichtige Mitarbeiter oft die Übernahme von Verantwortung scheut, unterstützt die Führungskraft ihn bei der Konfliktlösung.

Vor allem in Kapitel 6 werfen wir einen längeren Blick auf das Thema „Matching in der Führung". Zur Verdeutlichung der Leistungsfähigkeit des Persönlichkeitsdiagnostiktools sei aber bereits an dieser Stelle betont: Wenn eine Aufgabe im Team erledigt werden soll, können Sie mithilfe der Analyseergebnisse des Tools die besonderen Fähigkeiten der Teammitglieder einordnen und aufeinander abstimmen. So kann es im Interesse einer optimalen Aufgabenerfüllung liegen, ein Team zu bilden, in dem möglichst unterschiedliche Persönlichkeitstypen sitzen und jedes Teammitglied seine individuellen Stärken einbringen kann, die sich dann ergänzen. Andererseits: Wenn der extravertierte und dominante rote Mitarbeiter und die analytisch veranlagte, vorsichtige blaue Kollegin gemeinsam eine Aufgabe bearbeiten sollen, droht die Gefahr, dass der willensstarke Mitarbeiter die zurückhaltende Kollegin unterdrückt.

Die Erweiterung der Typologie auf acht Haupttypen

Sie wissen es ja bereits: Zwischen den vier Grundtypen kommt es zu Überschneidungen. Ein Mensch kann zum Beispiel starke rote Anteile haben, aber zugleich auch deutlich gelbe Anteile. Um diesen Mischformen gerecht zu werden, nimmt INSIGHTS MDI® eine Unterteilung in acht Haupttypen vor, die nach ihrer jeweiligen prägenden

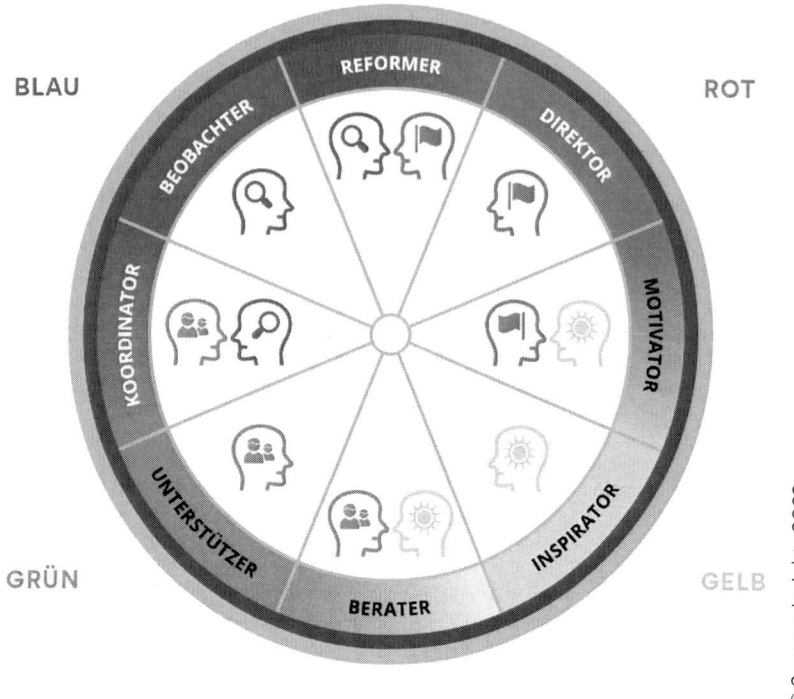

Abb. 4: Das INSIGHTS-MDI®-Rad mit den acht Haupttypen

Eigenschaft wie folgt benannt sind. Die Bezeichnungen für diese Typen gelten für alle Geschlechter (m/w/d), im Sinne der besseren Lesbarkeit wird im Folgenden über die Gendernennung hinaus das generische Maskulinum oder eine möglichst neutrale Bezeichnung gewählt:

- Direktorin/Direktor
- Motivatorin/Motivator
- Inspiratorin/Inspirator
- Beraterin/Berater

- Unterstützerin/Unterstützer
- Koordinatorin/Koordinator
- Beobachterin/Beobachter
- Reformerin/Reformer

Die Abbildung 4 zeigt die acht Typen im typischen INSIGHTS-MDI®-Rad.

Die Stärken und Schwächen der Direktorin/des Direktors

Der Direktor ist ein ziel- und ergebnisorientierter Bestimmer, für den vor allem die Leistung zählt. Er ist ehrgeizig, hat einen starken Willen und möchte beruflich und privat etwas erreichen. Er setzt seine Ziele erfolgreich durch. Zu seinen Stärken gehört seine Durchsetzungs-fähigkeit. Er verliert seine Ziele nicht aus den Augen und kann klare, effektive Strategien entwerfen, um diese zu erreichen. Er ist voraus-schauend, wägt die Konsequenzen seiner Entscheidungen ab und ist entschlussfreudig. Er arbeitet schnell und meist unter Hochdruck. Er gibt sich nicht mit mittelmäßiger Arbeit zufrieden. Deswegen ist er beruflich oft sehr erfolgreich. Er ist auf den eigenen Vorteil bedacht und kann sich eloquent und taktisch klug durchsetzen.

Zu seinen Schwächen gehört, dass er auf die Bedürfnisse und Ge-fühle anderer Menschen nicht gern eingeht. Rücksichtnahme und Einfühlungsvermögen – das sind nicht gerade seine Stärken. Er hat nicht gern Vorgesetzte über sich. Gegenüber seiner Führungs-kraft etwa wird er in Konkurrenz gehen und versuchen, seine eige-nen Entscheidungen zu treffen. Denn er ist an Macht, Ansehen und Geld interessiert. Ausschlaggebend ist die Entscheidungs-kompetenz, die ihm gewährt wird. Je mehr er eigenständig ent-scheiden, seine eigenen Strategien entwickeln und diese in eigener Verantwortung umsetzen kann, desto engagierter geht er an die Arbeit.

Im Überblick: die Direktorin/der Direktor	
Ziele	Dominanz, Unabhängigkeit, Veränderung
Bestimmende Emotion	Ärger
Beurteilt andere nach	ihrer Fähigkeit, Aufgaben effektiv zu erledigen, und ihrer Intelligenz
Wirkung auf andere	drängend, ungeduldig, effektiv, sachlich, dominierend, einschüchternd
Verhalten unter Druck	ruhig, analytisch, logisch, streitlustig
Stärken	Führung, Ziele umsetzen, Herausforderungen annehmen, Risiken eingehen, delegieren, selbstsicher, mutig
Schwächen	ungeduldig, auf sich bezogen, konkurrierend
Fürchtet	Langsamkeit, als zu jovial betrachtet zu werden

Die Stärken und Schwächen der Motivatorin/des Motivators

Seine Fähigkeit besteht darin, andere für die Ziele, die er sich gesteckt hat, zu gewinnen. Er führt andere Menschen gern, aber nicht, indem er ihnen Anweisungen gibt, sondern indem er sie mitreißt. Denn er verfügt über große Beziehungsstärke. Er hat seine Ziele oder die seines Unternehmens klar vor Augen und ist entschlossen, sie zu erreichen. Er will seine eigenen Entscheidungen treffen, aber er bezieht dabei andere mit ein.

Der Motivator kann sehr gut auf andere Menschen eingehen. Das ist eine sehr gute Voraussetzung für gelungene Kontakte zu anderen Menschen. Er verfügt über eine große Intuition und besitzt die Fähigkeit zuzuhören. Beides befähigt ihn, andere Menschen zu verstehen und rasch herauszufinden, wie er mit ihnen umgehen muss, um seine Ziele zu erreichen. Er gewinnt leicht die Sympathien anderer Menschen. Er ist sehr eloquent und kann andere hervorragend überzeugen. Er hat eine ungemein positive Ausstrahlung, die sich auf andere überträgt.

Allerdings: Der Motivator ist zuweilen zu optimistisch und verkennt darüber die Realität. Er muss dann feststellen, dass seine optimistischen Prognosen bei genauerer Analyse der Wirklichkeit nicht standhalten. Menschen, die sehr sachlich sind und ihre Gefühle nicht äußern, langweilen ihn. Es fällt ihm schwer, bei der Sache zu bleiben. Leicht passiert es auch, dass er zu viel redet und auf die anderen Menschen nicht mehr eingeht. Er braucht viel Abwechslung und immer wieder neue Projekte. Außerdem braucht er Menschen um sich herum, die er für seine Ideen und Pläne gewinnen kann.

Im Überblick: die Motivatorin/der Motivator	
Ziele	Position und Macht, Anerkennung
Bestimmende Emotionen	Enthusiasmus, Begeisterung
Beurteilt andere nach	vorgefassten Maßstäben
Wirkung auf andere	optimistisch, motivierend, gesellig, voller Energie
Verhalten unter Druck	ungeduldig, ärgerlich, aggressiv, schnell gelangweilt
Stärken	Optimismus, Beziehungs- und Kontaktstärke, Begeisterungsfähigkeit, gute Laune
Schwächen	zu vertrauensselig, zu optimistisch, geltungssüchtig, oberflächlich
Fürchtet	Verlust an Verantwortung, Fehlschläge

Die Stärken und Schwächen der Inspiratorin/des Inspirators

Dieser Typ ist eloquent, stark im Kontakt mit anderen Leuten, sehr ideenreich und flexibel. Er ist ein lebhafter, meist gut gelaunter Mensch voller Ideen, Pläne und Einfälle. Er sprüht vor Energie und liebt es, vor vielen Menschen aufzutreten und zu reden. Mit seiner Redegewandtheit nimmt er andere für seine Ideen und für sich selbst ein. Er ist umgänglich, freundlich und humorvoll. Er kann seine Zuhörer unterhalten und sie mit seinem Charme und Witz fesseln. Er steht gerne im Rampenlicht, je mehr Zuhörer er hat, desto besser.

Lampenfieber oder Selbstzweifel kennt er nicht, er ist voller Optimismus und geht grundsätzlich davon aus, dass er andere für sich einnehmen kann.

Einen Inspirator motivieren neue Projekte, neue Bekanntschaften, neue Ideen. Er verfügt gerne über einen Freiraum, in dem er seine Zeit selbst einteilen kann. Wenn er sich inspiriert fühlt, kann er einmalige Ideen kreieren oder Visionen malen. Er sieht nicht die Probleme, sondern stets die Chancen und Möglichkeiten. Die Umsetzung der Ideen ist aber nicht die Sache des Inspirators. Er ist sprunghaft und verzettelt sich in seinen vielen Aktivitäten. So verpuffen viele seiner guten Ideen. Sein Optimismus verleitet ihn, die Realität manchmal zu rosig zu sehen und die Tragweite von auftauchenden Schwierigkeiten zu unterschätzen. Hinzu kommt: Er möchte immer wieder neue Menschen kennenlernen, auf intensive, tiefgehende Freundschaften legt er daher keinen Wert.

Im Überblick: die Inspiratorin/der Inspirator	
Ziele	Popularität, Bestätigung, zu Ideen anregen
Bestimmende Emotionen	Freude, Spaß
Beurteilt andere nach	ihren verbalen Fähigkeiten und danach, ob sie Abwechslung zu bieten haben
Wirkung auf andere	mitreißend, unterhaltsam, egozentrisch
Verhalten unter Druck	chaotisch, leichtsinnig, unbeständig, flatterhaft
Stärken	Redegewandtheit, Begeisterungsfähigkeit, Kontaktstärke, Humor
Schwächen	oberflächlich, unzuverlässig, unorganisiert
Fürchtet	Verlust von Anerkennung, Verlust seines Selbstwertgefühls

Die Stärken und Schwächen der Beraterin/des Beraters

Er denkt an andere und das Team, ist auf Harmonie und Ausgleich der Interessen bedacht. Bei ihm handelt es sich um einen Familienmenschen. Der Job ist für ihn nicht alles. Er ist sehr warmherzig und anderen Menschen zugewandt. Er verfügt über eine große Beziehungsstärke. Er kommt ebenfalls leicht in Kontakt mit anderen, ist aber wirklich an ihnen interessiert, hört zu und versucht, sie und ihre Anliegen genau zu verstehen. Dadurch baut er auf eine fast schon spielerische Weise intensive zwischenmenschliche Kontakte auf.

Der Berater ist ein guter Teamarbeiter, der sich die Ziele des Teams zu eigen macht und sich intensiv dafür einsetzt. Er fügt sich gerne ein und ist absolut loyal. Zudem erledigt er seine Aufgaben gewissenhaft und setzt sich für ein gutes Arbeitsklima ein. Er übersnimmt jedoch nicht gern die letzte Verantwortung. Er wünscht sich daher eine Führungskraft, die die großen Leitlinien bestimmt, denen er sich gern unterwirft. Muss er zu selbstständig arbeiten, wird er unsicher.

Ist er von Menschen persönlich enttäuscht, dann vergisst er das nie. Er stellt seine eigenen Interessen gegenüber den Interessen anderer zurück und ist dabei oft zu nachgiebig. Der Berater braucht ein harmonisches Umfeld, um sich auf seine Arbeit konzentrieren zu können. Außerdem benötigt er Stabilität und genügend Vorbereitungszeit auf Veränderungen. Findet er zu wenig Zeit für seine Familie oder Freunde, dann verliert er die Lust an der Arbeit.

Im Überblick: die Beraterin/der Berater	
Ziele	Fürsorge, anderen helfen, Unterstützung geben, gute persönliche Beziehungen aufbauen, Ideen umsetzen
Bestimmende Emotionen	Mitgefühl, Gemütsruhe
Beurteilt andere nach	ihrer Loyalität und ihrer Persönlichkeit

Wirkung auf andere	herzlich, entgegenkommend, ausgleichend, kollegial
Verhalten unter Druck	nachgiebig, nachtragend
Stärken	Toleranz, Zuverlässigkeit, Loyalität, Verständnis
Schwächen	entscheidungsschwach, zögerlich
Fürchtet	Konflikte, Druck

Die Stärken und Schwächen der Unterstützerin/des Unterstützers

Er verfügt über Beziehungsstärke und leistet die beste Arbeit, wenn er klare Anweisungen erhält und sich in einem überschaubaren und konstanten Umfeld befindet. Er ist zuverlässig und leistet loyal seine Arbeit. Der Unterstützer braucht Zeit, bis er mit anderen Menschen in Kontakt kommt, aber dann ist er bereit, sich selbstlos und engagiert für sie einzusetzen. Auf den ersten Blick wirkt er reserviert und misstrauisch. Er schaut sich andere Menschen erst einmal genau an, ehe er mit ihnen in Kontakt tritt. Er kann aber sehr enge Beziehungen zu einer kleinen Gruppe von Menschen entwickeln – deshalb ist er ein hervorragender Teamarbeiter.

Reden vor großem Publikum und Verhandlungen mit bisher unbekannten Geschäftspartnern liegen ihm nicht. Mit Veränderungen kommt er überhaupt nicht klar, er braucht viel Zeit, um sich auf diese einzustellen. Einen Unterstützer motivieren Routine, Überschaubarkeit und Ruhe. Er setzt sich für alles vehement ein, was seinen Werten und Überzeugungen entspricht.

Im Überblick: die Unterstützerin/der Unterstützer	
Ziele	Stabilität, Pläne umsetzen
Bestimmende Emotion	Veränderungsangst, Mitgefühl mit anderen
Beurteilt andere nach	ihrer Freundschaft
Wirkung auf andere	freundlich, hilfsbereit, zurückhaltend
Verhalten unter Druck	passiver Widerstand, passt sich an

Stärken	Umsetzungskompetenz, großer Einsatz, Selbstlosigkeit
Schwächen	angepasst und unterwürfig
Fürchtet	Veränderung, Unordnung

Die Stärken und Schwächen der Koordinatorin/des Koordinators

Dieser Typ ist hilfsbereit und entgegenkommend und erkennt rasch komplexe Zusammenhänge. Er stellt hohe Ansprüche an seine Arbeit und seine Umgebung, aber auch an sich selbst. Er macht Wertarbeit – und das braucht seine Zeit. Er geht mit viel Disziplin und Sorgfalt an die Arbeit, die er präzise und strukturiert ausführt. Selten finden andere Fehler in seiner Arbeit, da er sie so lange überprüft, bis sie einwandfrei ist. Er tüftelt gerne und sucht nach Lösungen für komplexe Probleme.

Er ist durchaus interessiert an Kontakten zu Menschen – aber nur an wenigen. Für diese jedoch setzt er sich mit hohem Engagement ein. Er ist sehr hilfsbereit und zuverlässig. Kritik und Einwände bringt er diplomatisch vor, um andere nicht zu verletzen. Für seine Arbeit braucht er Zeit. So läuft er Gefahr, sich in Details zu verlieren. Mit Stress oder Chaos konfrontiert, wird er nervös. Der Koordinator hat Angst, von anderen ausgenutzt zu werden, und muss dieses Misstrauen erst langsam überwinden. Über seine unmittelbare Projektarbeit hinaus übernimmt er nicht gern Verantwortung. Zudem braucht er ein stabiles Umfeld, das wenige Veränderungen mit sich bringt. Anspruchsvolle Aufgaben, bei denen er sein Expertenwissen einbringen kann, motivieren ihn ebenso wie die Aussicht, genügend Zeit dafür zu haben.

Im Überblick: die Koordinatorin/der Koordinator	
Ziele	Sicherheit, Präzision, Umsetzung, korrektes Verhalten
Bestimmende Emotion	Angst vor Veränderungen und Fehlern

Beurteilt andere nach	ihrer Intelligenz und Loyalität
Wirkung auf andere	zurückhaltend, seriös, freundlich
Verhalten unter Druck	Unruhe, Rückzug
Stärken	Zuverlässigkeit, Genauigkeit, konzeptuelle Stärke, Loyalität
Schwächen	Misstrauen, Reserviertheit
Fürchtet	Emotionalität, irrationales Handeln

Die Stärken und Schwächen der Beobachterin/des Beobachters

Er beschäftigt sich lieber mit Sachen als mit Menschen. Er ist ein Denker und Tüftler, der, sofern er genügend Zeit hat, hervorragende Lösungen erarbeitet. Dabei ist er vor allem an der Sache und so gut wie gar nicht an anderen Menschen interessiert. Er ist ein Experte, der gern komplizierte Probleme löst, Untersuchungen durchführt oder Analysen erstellt. Mit Geduld und Akribie versenkt er sich in seine Arbeit und ist froh, wenn ihn keiner dabei stört. Seine Arbeit ist sehr anspruchsvoll und herausfordernd. Er legt hohe Maßstäbe an ihre Qualität – und auch an sich selbst. Der Beobachter hat die Fähigkeit, den Überblick über das Gesamte zu bewahren und eine Gesamtschau zu liefern. Damit ermöglicht er es anderen, Orientierung zu finden und ihren Beitrag zum Gesamten zu erkennen.

Der Beobachter hat im Grunde genommen kein Interesse an anderen Menschen – das gilt jedoch nicht für seine engste Familie. Bei anderen Menschen beeindrucken ihn Wissen und Verstand. Für Plausch und Small Talk ist er nicht zu haben. Allem Neuen gegenüber ist er skeptisch. Er braucht Zeit, sich durch intensive Analyse von dessen Nutzen zu überzeugen. Ihn motivieren Herausforderungen und die Möglichkeit, sein Wissen zu erweitern und sich intensiv mit einem Problem zu befassen.

Im Überblick: die Beobachterin/der Beobachter	
Ziele	Korrektheit, Gesamtschau, Vorhersehbarkeit
Bestimmende Emotion	Angst vor Fehlern, Kontrollverlust und Emotionen
Beurteilt andere nach	ihrer Intelligenz und Arbeitsleistung
Wirkung auf andere	sachlich, unnahbar, diszipliniert, Experte
Verhalten unter Druck	fährt sich fest, passiver Widerstand
Stärken	analytisches Denken, Strategien, Intuition, Zuverlässigkeit
Schwächen	kühl, reserviert
Fürchtet	Lächerlichkeit, Fehler, plötzliche Veränderungen

Die Stärken und Schwächen der Reformerin/des Reformers

Dieser Typ braucht ein klares Ziel und kann schwierige Zusammenhänge auch unter Zeitdruck bearbeiten. Sein Perfektionsdrang und sein Umsetzungswille dominieren. Er ist ebenfalls ein Denker. Er schließt den Kreis zum Direktor und verfügt wie dieser über einen großen Ehrgeiz und den Willen, immer der Erste zu sein. Der Reformer will stets Ergebnisse sehen – und die sollen möglichst erstklassig sein. Bei ihm paaren sich Perfektionismus mit Entscheidungsstärke und Wettbewerbsdenken. Er kennt seine Ziele und verliert sich nicht im Detail. Dabei ist er sehr gut organisiert und strukturiert. Er geht entschlossen an seine Projekte und ist sehr wettbewerbsorientiert. Er kann schnell und scharfsinnig denken und sich hundertprozentig auf das konzentrieren, was er gerade macht.

Sein Anspruch, gleichzeitig perfekt und der Erste am Markt zu sein, gleicht manchmal der Quadratur des Kreises. Es frustriert den Reformer, dass er nicht alles bedenken und im Voraus planen kann. Risiken geht er nur ungern ein. Der Umgang mit Menschen ist nicht seine Stärke. Er ist am Erfolg interessiert und stellt die Sache in den Vordergrund. Er wird durch Siege und Erfolge motiviert. Wenn es ihm tatsächlich gelingt, ein erstklassiges Produkt als Erster auf den Markt zu bringen, ist das die größte Motivation für seine Arbeit.

Im Überblick: die Reformerin/der Reformer	
Ziele	Streben nach Erstklassigkeit, Ergebnisse, neue Ideen
Bestimmende Emotion	Angst vor Fehlern, Ärger, zeigt wenig Gefühle
Beurteilt andere nach	ihrer Effizienz, Intelligenz und Perfektion
Wirkung auf andere	zurückhaltend, kritisch, kühl
Verhalten unter Druck	ungeduldig, negative Einstellung, wertet andere ab
Stärken	will Herausforderungen meistern, Sorgfalt, Beständigkeit
Schwächen	Zweifel, Pessimismus, autoritäres Auftreten
Fürchtet	Unordnung, Versagen

Ab in die Selbstreflexion!

- Und noch einmal – ordnen Sie wiederum sich selbst und dann einen Kollegen, Mitarbeiter oder Kunden jeweils einem der acht Persönlichkeitstypen zu.
- Nutzen Sie wiederum das Vokabular, um zunächst einmal sich selbst und dann diese Menschen zu beschreiben.

Basisstil und adaptierter Stil

Eine zentrale Voraussetzung für erfolgreiches und effektives Matching besteht in dem Wissen, dass jeder Mensch über einen Basisstil und einen adaptiert-angepassten Stil verfügt. Was heißt das? Nehmen wir an, Sie haben Familie, beschäftigen sich zu Hause liebevoll mit Ihren Kindern, werkeln an Ihrem Haus herum, mögen das gute Gespräch mit Freunden und sind eher zurückhaltend und auf

Harmonie bedacht. Sie wissen aber genau, dass Sie in Ihrer Arbeit damit nicht weiterkommen. Deshalb haben Sie sich angewöhnt, sich im Beruf viel härter, entscheidungsfreudiger und durchsetzungsfähiger zu verhalten, als es Ihnen eigentlich liegt. Sie haben also zwei verschiedene Verhaltensstile – einen Basisstil und einen adaptierten Stil:

- Der Basisstil zeigt an, wie Sie sich selbst sehen. Ihr Verhalten im privaten Umfeld ist am wenigsten bewusst gewählt. Es ist so, wie es Ihrer Persönlichkeit im Grunde entspricht. Deshalb verändert sich dieser Stil im Laufe der Jahre kaum. Er beruht auf Ihrem instinktiven Verhalten, das aus Ihrer persönlichen Lebensgeschichte resultiert. Darum zeigen Sie diesen Stil auch in Stress- und Belastungssituationen.

- Ihr adaptierter Stil betrifft Ihre soziale Rolle. Sie entwickeln ihn in Reaktion auf Ihr Umfeld. In dieser Art wollen wir uns anderen präsentieren, weil es im gegebenen Umfeld angemessen erscheint. Deshalb kann dieser Stil Schwankungen unterliegen. Wenn Sie zum Beispiel den Arbeitsplatz wechseln und merken, dass ein anderes Verhalten von Ihnen verlangt und erwartet wird, passen Sie sich an.

Was bedeutet das in der Praxis? Nehmen wir ein Beispiel aus dem Recruiting. Sie suchen nach der idealen Besetzung für eine vakante Position: Entscheidend für Ihre Bewertung eines Bewerbers ist dessen Basisstil. Denn natürlich wollen Sie vor allem wissen und einschätzen können, über welche tatsächlichen Stärken und Schwächen ein Bewerber verfügt. Und mit diesem Wissen sind Sie nun in der Lage, das folgende INSIGHTS-MDI®-Rad in der Abbildung 5 zu lesen und zu interpretieren.

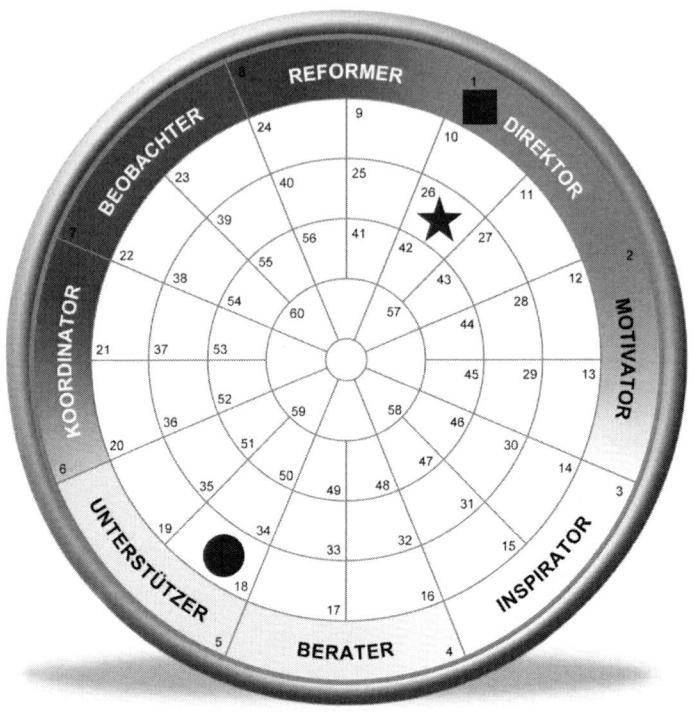

Abb. 5: Der überforderte Bewerber

Die Abbildung stellt das Soll-Profil eines Verkäufers dar. Ein Unternehmen sucht für die Vertriebsabteilung einen dominanten und damit abschlussorientierten Spitzenverkäufer, der auch ein Team führen kann:

- Das *Quadrat* zeigt an, dass ein Direktor mit hoher Ergebnis- und Zielorientierung gesucht wird.
- Der Bewerber bringt von seinem Basisverhalten her – symbolisiert durch den *Punkt* – eine hohe Beziehungs- und

Menschenorientierung mit, er benötigt als Unterstützer ein beständiges Umfeld.

- Das beim Bewerbergespräch nach außen gezeigte Rollenverhalten, welches durch den *Stern* gekennzeichnet wird, weist auf einen sehr extravertierten selbstbewussten Auftritt hin, mit dem der Bewerber dem Soll-Profil des Jobs gerecht werden will. Der adaptierte Stil ist mithin weit vom Basisstil entfernt.

Das Problem: Der Basisstil des Bewerbers entspricht dem Soll-Profil kaum. Diesen Spagat könnte der Kandidat im täglichen Job wohl nicht aufrechterhalten. Die Folgen wären Frustration, Stress und Überforderung bis hin zu möglichen Gesundheitsproblemen. Kurzum: Der Kandidat ist für die Stelle nicht geeignet und wird sich sehr schwertun, den Erfordernissen dieses Arbeitsplatzes zu entsprechen.

Wichtig für Sie: Um ein Profil mithilfe des INSIGHTS-MDI®-Rades verstehen und lesen zu können, vergegenwärtigen Sie sich am besten nochmals (siehe dazu Abb. 5):

- Das Quadrat bezeichnet das Soll-Profil.
- Der Punkt bezeichnet den Basisstil.
- Der Stern bezeichnet den adaptierten Stil, also die bewusst gezeigten Verhaltensstrategien.

INSIGHTS MDI® identifiziert über 500 verschiedene Kombinationen von Verhaltenspräferenzen und stellt diese auf den 60 Positionen des INSIGHTS-MDI®-Rades und in über 25.000 Testkombinationen dar – dabei gilt:

- Liegt eine Position (Punkt oder Stern) auf dem äußersten Ring auf dem Rad, dann ist der Bewerber ein Haupttyp (1–8, also

Motivator, Inspirator und so fort). Er verfügt über eine dominierende Präferenz (Rot, Gelb, Grün, Blau).

- Ist er auf dem zweiten Ring positioniert (fokussiert, 9–24), erhöht sich seine Flexibilität, denn er hat zwei Präferenzen aktiv zur Verfügung.
- Befindet sich seine Position auf dem dritten Ring (25–40), verfügt er über drei nebeneinander liegende Präferenzen. Damit besitzt er eine hohe Flexibilität.
- Wenn seine Position auf dem vierten Ring (flexible Kreuzung, 41–56) liegt, ist er höchst flexibel, denn er hat nicht nur drei Präferenzen aktiv zur Verfügung, sondern auch die Konträrfarbe zur Hauptfarbe (also blau/gelb, rot/grün). Der Bewerber kann sehr leicht unterschiedliche Verhaltensweisen und Aufgaben adaptieren.
- Bei einer Position auf dem fünften Ring (Kreuzung, 57–60) stehen ihm zwei Präferenzen zur Verfügung, jedoch immer zwei gegenüberliegende Präferenzen.

Dieses Wissen ist für einen gelungenen Matchingprozess sehr wichtig. Wie Sie wissen, beruht die Verhaltensdiagnose auf einem Fragebogen, der mithilfe eines Onlinetools ausgewertet wird. Aber natürlich können Sie Ihre Gesprächspartner nicht immer jenen Fragebogen beantworten lassen, mit dem allein Sie zu detaillierten Ergebnissen bezüglich seiner Persönlichkeitsstruktur gelangen. Allerdings: Bei einem Bewerber oder bei einem Mitarbeiter, den Sie jeden Tag sehen, sollte es schon möglich sein, den Fragebogen einzusetzen, insbesondere bei einem Kandidaten im Bewerbungsprozess.

Wenn Sie andere Menschen matchen wollen, sollten Sie stets zwischen dem Basisstil und dem adaptierten Stil unterscheiden. Ihr Ziel ist es, dem Basisstil etwa eines Bewerbers oder eines Mitarbeiters auf die Spur zu kommen.

Die Wahrnehmung verbessern

Neben dem Einsatz des Persönlichkeitsdiagnostiktools ist Ihre Wahrnehmungsfähigkeit gefragt. Die Erkenntnisse, die Sie durch ein Tool gewinnen, sollten Sie immer durch eigene Beobachtungen ergänzen und verifizieren, die Sie im persönlichen Gespräch mit einem Menschen – einem Bewerber, einem Mitarbeiter, einem Kunden – gewinnen. Schulen und schärfen Sie darum Ihre Frage- und Zuhörkompetenz. Üben Sie bei jeder Gelegenheit, genau zu beobachten und die Verhaltensweisen von Menschen im Detail wahrzunehmen sowie zu interpretieren. Wenn Sie demnächst wieder einmal Gespräche mit Kollegen, Mitarbeitern, Kunden oder Freunden führen, sollten Sie auf diese Aspekte achten: Wie geht der andere auf Sie zu? Wie begrüßt er Sie? Wie gibt er Ihnen die Hand? Sucht er den Blickkontakt, wie oft schaut er Ihnen in die Augen? Was lässt sich über seine Körperhaltung und Körperspannung sagen? Ist er angespannt oder locker, drückt die Körperhaltung Selbstbewusstsein oder Unsicherheit aus? Wechselt seine Körperhaltung mit dem Gesprächsthema? Spricht er eher lebhaft oder eher monoton?

Die Beschreibung der vier Grundtypen und der acht Haupttypen in diesem Kapitel haben Ihnen bestimmt genügend Hinweise gegeben, was konkret Sie in Zukunft berücksichtigen sollten, um Ihre Wahrnehmung zu verbessern, zum Beispiel:

- Körperhaltung und Körperbewegungen, äußerliches Erscheinungsbild (Kleidung)
- Mimik (Gesichtsausdruck), Blickkontakt, Gestik und Tonfall
- Dauer der Äußerungen, Wortwahl und typische Sätze
- Einrichtungsgegenstände im Zimmer/Büro des Gesprächspartners

Zuhörkompetenz optimieren

Eigentlich wissen wir alle, dass wir dem Gesprächspartner aufmerksam zuhören sollten, insbesondere im Kundengespräch. Aber auch im Mitarbeitergespräch und im Einstellungsgespräch ist die Zuhörkompetenz von enormer Bedeutung. Die Realität sieht allerdings oft anders aus. Achten Sie einmal darauf: Wie hoch ist Ihr Redeanteil im Kunden- oder Mitarbeitergespräch? Wie oft lassen Sie den Gesprächspartner zu Wort kommen? Dabei gilt: Wer selbst viel redet, erfährt nicht viel vom anderen – und hat dann keine Grundlage, den Gesprächspartner einschätzen und matchen zu können, und somit natürlich auch seine Persönlichkeitsstruktur nicht. Analysieren Sie also Ihr Zuhörverhalten:

- Lassen Sie den Gesprächspartner immer ausreden? Oder fallen Sie ihm ins Wort?
- Stellen Sie Fragen – oder kommunizieren Sie vor allem in der Aussageform?
- Wie verhält sich Ihr Redeanteil zu dem des Gesprächspartners?
- Wie reagieren Sie auf die Fragen Ihres Gesprächspartners?
- Gelingt es Ihnen, im Gespräch auch einmal einfach zu schweigen und „ganz Ohr zu sein"?

Diskutieren Sie Ihr Zuhörverhalten mit Ihren Kollegen, Ihrer Führungskraft oder auch mit Ihren Freunden. Wenn Sie feststellen, dass Sie über eine unzureichende Zuhörkompetenz verfügen, sollten Sie Ihr Zuhör-Know-how erweitern.

Vielleicht deckt sich Ihre Erfahrung mit dieser Beobachtung: Trifft ein Mitarbeiter oder Kunde auf einen guten Zuhörer, fasst er schneller Vertrauen, weil er merkt, dass sich hier jemand ernsthaft auf ihn einlässt. Denn der stille Lauscher befriedigt ein menschliches Grundbedürfnis, nämlich das nach Anerkennung. Der Gesprächspartner spürt und merkt, dass Sie sich als guter Zuhörer verstehend auf seine Vorstellungswelt einlassen wollen und können, um seine

Erwartungen und Wünsche festzustellen. Er fühlt sich ernst genommen, wertgeschätzt und anerkannt.

So erhalten Sie die Informationen und das Hintergrundwissen, um die mithilfe des Persönlichkeitsdiagnostiktools gewonnenen Erkenntnisse abzusichern und zu stützen sowie Ihre Matchingkompetenz einzusetzen, mit der Sie zum Beispiel herausfinden, ob der Bewerber zum Unternehmen und die Mitarbeiterin ins Team passt.

Es gibt mehrere Dimensionen des Zuhörens: Zunächst einmal geht es darum, den Gesprächspartner ausreden zu lassen, dann um die Wiedergabe des Gehörten in eigenen Worten. So lassen sich kommunikative Missverständnisse frühzeitig ausschließen. In der Champions League des Zuhörens spielen Sie, wenn Sie in der Lage sind, auf das einzugehen, was Ihr Gesprächspartner zwischen den Zeilen und mit seiner Körpersprache zum Ausdruck bringt. Sie interpretieren die nonverbalen Signale des Gesprächspartners und ziehen Rückschlüsse aus seiner Gestik und Mimik. Ein Beispiel: Ein Recruiter mit gut ausgebildeter Zuhörkompetenz erkennt an der Körpersprache und der Tonalität, ob der Bewerber bei der Beantwortung einer bestimmten Frage nervös wird. Dann weiß er: „Hier muss ich nachfragen, um Entscheidendes zu erfahren."

Fragekompetenz optimieren

Wer die richtigen Fragen stellt, erhält nützliche Informationen vom und über den Gesprächspartner. Ein klares Gesprächskonzept, in dem die Fragen so aufgebaut sind, dass sich mit ihnen das Gespräch steuern lässt, erhöht zum einen den Redeanteil des Gesprächspartners. Und zum anderen erfahren Sie im konstruktiven Dialog Wissenswertes über ihn. Dabei helfen insbesondere offene Fragen, auf die der Gesprächspartner nicht einsilbig antworten kann, sondern die ihn zum Reden animieren. Während geschlossene Fragen Faktenfragen sind, stellen offene Fragen Meinungsfragen dar.

Zumeist ergeben sich aus den Antworten auf offene Fragen Rückschlüsse auf die Ansichten, Einstellungen und Motive des Gesprächspartners. Und das ist beim Matching immer hilfreich!

Offene Fragen beginnen meistens mit einem Fragewort (etwa „wer", „was", „wie", „warum", „wo", „wann"), sie treiben das Gespräch aktiv voran. Eine Variante ist die Bewertungsfrage, bei der Sie den Gesprächspartner bitten, eine detaillierte Einschätzung abzugeben: „Wie schätzen Sie den Nutzen von... für sich ein?" Die Als-ob-Frage soll das Gespräch entwickeln, indem eine fiktive Situation als Option vorgestellt wird: „Nehmen Sie einmal an, Sie würden sich dafür... entscheiden. Welchen Nutzen erhoffen Sie sich?" Und während die Informationsfrage hilft, konkretere Informationen zum Thema einzuholen und zum Beispiel die Motivationslage des Gesprächspartners einzukreisen, dient die Bestätigungsfrage der Absicherung einer Antwort: „Habe ich richtig verstanden, dass es für Sie besonders wichtig ist...?" In eine ähnliche Richtung weist die Präzisierungsfrage: „Sie sagten eben... – was genau ist dabei für Sie wichtig?" Eine Zuspitzung der Informationsfrage ist schließlich die Alternativfrage, die so formuliert ist, dass der Gesprächspartner seine Antwort aus den vorgegebenen Alternativen auswählen kann: „Bevorzugen Sie Variante A oder eher Variante B?"

Einige Fragearten sollten Sie eher vermeiden: Die rhetorische Scheinfrage streift den Bereich der Manipulation, wenn der Fragesteller sie einsetzt, um den eigenen Äußerungen den Anschein der Objektivität zu verleihen. Die Gegenfrage dient zwar der Konkretisierung des Sachverhalts, wird aber oft als unfair empfunden, denn der Fragesteller weicht einer Antwort aus, um den Gesprächspartner zu verunsichern. Kontraproduktiv wirkt auch die unterschwellige Frage, mit der der Fragesteller auf etwas anderes hinauswill, als die Frage an sich vermuten lässt.

Damit schließe ich den kleinen Ausflug in die Welt des Fragens ab. Denn wahrscheinlich sind Sie mit den Herausforderungen zur Zuhör- und Fragekompetenz bereits bestens vertraut. Und das ist auch gut so, denn für das Matching sind dies zwei unerlässliche Voraussetzungen: Ohne ausgeprägte Zuhör- und Fragekompetenz ist effektives Matching nicht möglich.

Ab in die Selbstreflexion!

- Überprüfen Sie Ihre Zuhör- und Fragekompetenz: Welche Techniken und Methoden kennen Sie? Wie ausgeprägt sind Sie bei Ihnen?
- Was können, was müssen Sie tun, um Ihre Zuhör- und Fragekompetenz auszubauen und zu optimieren?

Kapitelfazit: Rück- und Ausblick

- Unternehmen brauchen ein Kompetenzmatch. Mit INSIGHTS MDI® liegt ein Tool vor, mit dem Sie die Persönlichkeit von Menschen sehr gut einschätzen können und die Grundlagen für einen erfolgreichen Matchingprozess legen.
- Es lohnt sich, sich mit den Begrifflichkeiten des Tools sowie insbesondere mit der Beschreibung der vier Grundtypen und der acht Haupttypen vertraut zu machen, um im Gespräch mit Bewerbern, Mitarbeiterinnen und Kunden eine Einschätzung der Persönlichkeitsstruktur vornehmen zu können.
- Im nächsten Kapitel lernen Sie mit OutMatch ASSESS by SCHEELEN® ein Kompetenzdiagnostiktool kennen, mit dem Sie die für Ihren unternehmerischen Erfolg erforderlichen Kompetenzen definieren, über die Ihre Führungskräfte und Mitarbeitenden in einem hohen Ausprägungsgrad verfügen sollten.

KAPITEL 3

Das Kompetenzmatch

Fortschritt messbar machen: Zielgerichtet matchen mit Kompetenzdiagnostiktools

Der Match(ing)plan dieses Kapitels

- Sie lernen ein Kompetenzdiagnostiktool kennen, mit dem Sie ein Kompetenzmatch vornehmen können.
- So erhalten Sie Aufschluss darüber, inwiefern die Kompetenzen, die Ihre Führungskräfte und Mitarbeiter haben, bei diesen tatsächlich und in welcher Ausprägung vorhanden sind.
- Sie erfahren, welche Möglichkeiten es zur Schließung der Kompetenzlücken gibt.

Matchmaking mit Kompetenzen

Kompetenzdiagnostiktools sind ein wichtiges Hilfsmittel, um dafür zu sorgen, dass ein Unternehmen über die Fähigkeit verfügt, seine Ziele zu realisieren. Dabei wird der Begriff „Kompetenz" in der Regel wie folgt definiert:

Eine Kompetenz ist die Summe aller Fähigkeiten, Fertigkeiten, Kenntnisse, Persönlichkeits- und Verhaltensmerkmale, die als Grundlage dienen, um eine Funktion in einer Organisation erfolgreich und effektiv so zu erfüllen, dass damit die Erreichung von strategischen Unternehmenszielen unterstützt wird.

Und diese Definition ist auch relevant für das Tool, das Sie jetzt näher kennenlernen.

Das Tool OutMatch ASSESS by SCHEELEN®

Lassen Sie mich mit ein paar Hintergrundinformationen einsteigen: Das Kompetenzdiagnostiktool OutMatch ASSESS by SCHEELEN® basiert auf dem ASSESS-Kompetenzsystem, das ursprünglich von Bigby, Havis & Associates, einem auf Testverfahren und Assessment-Center spezialisierten Beratungsunternehmen aus den USA, entwickelt wurde. Die deutschsprachige Version wurde von mir und der SCHEELEN® AG erarbeitet und immer mehr verfeinert und ausgebaut. OutMatch ASSESS by SCHEELEN® löst das seit 2004 von uns angebotene ASSESS-Kompetenzsystem ab. Weltweit nutzen bereits über 3.800 Kunden mit jährlich rund zwölf Millionen AnaMlysen dieses neue Konzept.

Mit dem Tool ist die ganzheitliche strategische Entwicklung des gesamten Unternehmens, einzelner Bereiche und Abteilungen, aber auch von Teams und Führungskräften sowie

Mitarbeitern möglich. Es erlaubt eine kompetenzorientierte Unternehmens- und Personalentwicklung.

Unter www.scheelen-institut.com/profiling-tools/assess finden Sie weitere wissenswerte Informationen zu ASSESS. Zudem ist es nützlich, sich wiederum mit einem entsprechenden Musterbericht auseinanderzusetzen, wie Sie ihn unter https://media.scheelen-institut.com/SCHEELEN_AG-Musterbericht_OutMatch_ASSESS_Leading_Others.pdf finden.

OutMatch ASSESS by SCHEELEN® ist ein wissensbasiertes System, das auf einer individuellen Onlineplattform läuft. Hauptkomponente ist ein 144 Fragen umfassender Fragebogen, der die Ausprägung von 43 berufsrelevanten Kompetenzen misst, die in drei Bereichen (Denkstil, Arbeitsstil, Beziehungsstil) mit 20 Persönlichkeitsmerkmalen oder Persönlichkeitseigenschaften (Persönlichkeitsdimensionen) verknüpft sind. So ist ein Kompetenzabgleich möglich, der die Einschätzung erlaubt, ob ein Mensch aufgrund seiner Kompetenzen und Persönlichkeitsmerkmale für einen Job geeignet ist oder nicht. Die Auswertung des Fragebogens dient der Erstellung von Reports oder Berichten, in welchen die Ergebnisse der Kompetenzanalyse ausführlich erläutert werden und in denen sich konkrete Hinweise zur Anwendung dieser Ergebnisse für Personalauswahl, Coaching und Training finden. Im Fokus stehen die für eine gute Jobausübung erforderlichen Kompetenzen und die aufseiten der Führungskräfte und Mitarbeiter tatsächlich vorhandenen Kompetenzen.

Entscheidend ist bei diesem Tool der Abgleich zwischen den erforderlichen Soll-Kompetenzen sowie den tatsächlich vorhandenen Ist-Kompetenzen und den damit verbundenen Persönlichkeitseigenschaften. Ergibt der Abgleich eine Kompetenzlücke, verfügen die Entscheider im Unternehmen über eine Grundlage, welche der Kompetenzen auf- und ausgebaut werden sollten, damit zum Beispiel eine Führungskraft nach der Schließung der Kompetenzlücken zu einer besseren Performance gelangen kann. Und im Recruiting kann im Onboarding-Prozess eine fokussierte und effiziente Einarbeitung vorgenommen werden.

Die Abbildung 6 zeigt ein Beispiel für einen Kompetenzabgleich:

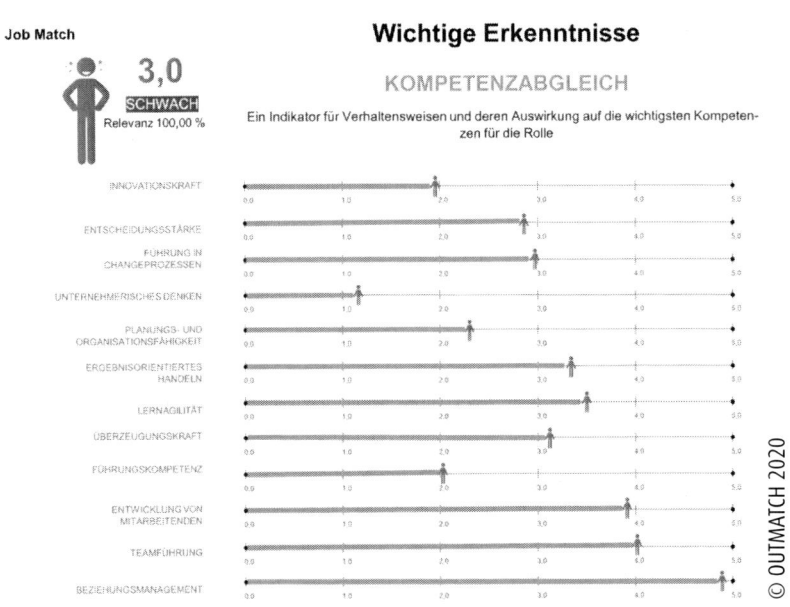

Abb.6: Beispiel für einen ASSESS-Kompetenzabgleich

Bedeutung der Vision und der Unternehmensziele

In der Regel ist die Ausgangslage, dass ein Führungs- und HR-Team gemeinsam mit ASSESS-Experten auf Basis von ASSESS ein individuelles Kompetenzmodell für das Unternehmen erstellt. Ich empfehle, solch ein Kompetenzmodell stets mithilfe eines Experten zu erarbeiten. Manche Unternehmen, die versucht haben, ein Modell selbst aufzubauen und zu implementieren, haben dabei keine guten Erfahrungen gemacht.

Ein Kompetenzmodell umfasst sowohl die allgemeinen Anforderungen des Unternehmens an seine Führungskräfte und Mitarbeiter als auch die spezifischen Anforderungen an einzelne Fachabteilungen. So lässt sich sehr gut abbilden, welche – auch zukünftigen – Soll-Kompetenzen notwendig sind, damit Abteilungen, Teams sowie Führungskräfte und Mitarbeiter ihren jeweiligen Aufn gaben optimal nachkommen und einen exzellenten Beitrag zur Erreichung der Unternehmensziele leisten können. Aus diesem Grund bevorzugen es die Unternehmen, mit denen die SCHEELEN® AG zusammenarbeitet, sich zunächst einmal über die grundsätzliche Ausrichtung des Unternehmens Klarheit zu verschaffen: Wohin will sich das Unternehmen entwickeln, welche Vision wird verfolgt, um welche Mission geht es dem Unternehmen? Und welche grundsätzlichen Ziele stehen im Mittelpunkt? All diese Punkte sollten zusammenpassen und aufeinander abgestimmt sein – und damit sind wir beim Thema „Matching" angelangt. Meine Erfahrung in diesem Kontext lautet:

Kompetenzorientierte Unternehmens- und Personalentwicklung mithilfe eines Kompetenzmatches ist vor allem dann möglich, wenn sich die Entscheider im Unternehmen über die Unternehmensvision und ihre grundsätzlichen Ziele im Klaren sind.

Denn daraus ergeben sich die Werte, die wiederum den Weg und die Art und Weise bestimmen, wie Ziele erreicht werden und wie sich Führungskräfte und Mitarbeiter in konkreten Situationen verhalten sollen. Die Kette von der Vision zum kompetenten Mitarbeiter hat weitere Glieder: Aus der Vision, der Mission und den für das Unternehmen relevanten Werten lassen sich die unternehmerischen Grundsätze und die Unternehmensstrategie ableiten – und daraus wiederum die Unternehmensziele. Dabei gilt: Strategische Planung ohne Vision ist weitgehend wertlos – aber eine Vision ohne umsetzungsorientierte Strategie ebenso. Vision und Strategie gehören zusammen wie die zwei Seiten einer Medaille.

Sobald das Unternehmen die Vision definiert hat, kann es daraus in einem strukturierten Prozess Unternehmensziele und Geschäftsanforderungen ableiten und bestimmen, über welche Soll-Kompetenzen *jede* einzelne Führungskraft und *jeder* einzelne Mitarbeiter verfügen muss, um den Anforderungen gerecht zu werden. Daraus wiederum lassen sich Jobprofile ableiten: Für jede Position im kompetenzorientierten Unternehmen gibt es eine klare Beschreibung der Kompetenzen, die notwendig sind, um eine Tätigkeit oder einen Job optimal auszuüben.

Unternehmen, die nicht definieren können, welche (auch zukünftigen) Kompetenzen sie für die Zukunft benötigen, können auch nicht den geeigneten Mitarbeiter oder die geeignete Führungskraft für die jeweilige Aufgabe finden.

Wie bereits angedeutet: ASSESS hilft nicht nur, die erforderlichen Soll-Kompetenzen und Jobprofile festzulegen, sondern auch, die vorhandenen Ist-Kompetenzen aufseiten der Führungskräfte und Mitarbeiter zu analysieren.

Ab in die Selbstreflexion!

- Inwiefern spielen bei Ihnen die Kompetenzen der Führungskräfte und Mitarbeiter bei der Unternehmens- und Personalentwicklung eine Rolle?
- Verfügen Sie selbst, ebenso wie Ihre Mitarbeiter, über die jeweiligen Kompetenzen, die zur optimalen Bewältigung Ihrer Aufgaben erforderlich oder gar unerlässlich sind?

Die weiteren Grundlagen des Tools

Entscheidend ist die Frage, was das Tool genau misst, um verbindliche und nachvollziehbare Aussagen über die erforderlichen Soll-Kompetenzen und die vorhandenen Ist-Kompetenzen etwa einer Führungskraft zu treffen. In diesem Zusammenhang spielen, wie bereits kurz erwähnt, die Kompetenzen und die damit verknüpften Persönlichkeitsmerkmale eine zentrale Rolle. Hinzu kommen die drei Bereiche Denkstil, Arbeitsstil und Beziehungsstil – die Abbildung 7 zeigt diese Stile im Überblick.

Zudem sind über 900 Jobprofile hinterlegt, die zu den verschiedensten Bereichen ein entsprechendes Kompetenzprofil bieten. Im Folgenden konzentriere ich mich aber auf die Darstellung der Matching-relevanten ASSESS-Komponenten.

Denkstil	Arbeitsstil	Beziehungsstil
Reflektierendes Denken	Arbeitsintensität	Selbstsicherheit
Realistisches Denken	Eigenständigkeit	Kontaktfreude
Entscheidungsfindung	Arbeitsorganisation	Wunsch, gemocht zu
Faktenorientierung	Routinebedürfnis,	werden
	Multitasking	Menschenbild
	Bedürfnis nach	Einfühlungsvermögen
	Fertigstellung	Emotionale
	Detailorientierung	Ausgeglichenheit
	Bevorzugt Struktur	Kritiktoleranz
		Selbstkontrolle
		Wettbewerbsstreben

Abb. 7: Denkstil, Arbeitsstil und Beziehungsstil

Der Denkstil und sein Hintergrund

Der Denkstil beschreibt, wie sich – bleiben wir im Folgenden bei dem Beispiel – eine Führungskraft intellektuell mit ihrer Umwelt auseinandersetzt, mit Informationen umgeht und Entscheidungen trifft. Gemessen werden etwa das Problemlösungsverhalten und die Entscheidungsfindung. Jedes der vier Persönlichkeitsmerkmale ist exakt definiert, die Persönlichkeitseigenschaft „Entscheidungsfindung" beispielsweise folgendermaßen: „Inwiefern die Führungskraft bei der Entscheidungsfindung bedacht und überlegt vorgeht, anstatt schnell zu entscheiden".

Die Pole werden bei geringer Ausprägung mit „spontan, schnell" („die Führungskraft trifft schnelle Entscheidungen oder bildet sich schnell eine Meinung; sie trifft gern Entscheidungen, ohne lange zu überlegen") umschrieben, bei starker Ausprägung hingegen mit „umsichtig, vorsichtig" („die Führungskraft neigt dazu, die Dinge ernst zu nehmen und Entscheidungen und Handlungen sorgfältig zu überdenken").

Bei den weiteren Persönlichkeitsmerkmalen werden die Pole „geringe und starke Ausprägung" wie folgt beschrieben:

- „Reflektiertes Denken" von „wenig hinterfragend" bis „tiefgründig"
- „Realistisches Denken" von „fantasievoll, kreativ" bis „nüchtern, pragmatisch"
- „Faktenorientierung" von „intuitiv" bis „sachlich"

Der Arbeitsstil und seine Bedeutung

Mit Arbeitsstil ist gemeint, welche Arbeitsumsetzung eine Führungskraft bevorzugt und wie sie ihren Denk- und Beziehungsstil in der Arbeitssituation umsetzt. Das gilt etwa für die bevorzugte Arbeitsumgebung, die Zusammenarbeit im Team und die Belastbarkeit. Diese Persönlichkeitsmerkmale befassen sich mit der Art und Weise, wie ein Mensch sich organisiert, sich in eine vorhandene Organisation einfügt und wie er mit Aufgabenvielfalt umgeht. Auch hier soll ein Beispiel aus den sieben Persönlichkeitsmerkmalen der Verdeutlichung dienen: Die Persönlichkeitseigenschaft „Arbeitsintensität" ist definiert als das „Ausmaß, in dem die Führungskraft möglichst schnell viele Dinge erledigen möchte, anstatt planvoll oder zumindest etwas ruhiger zu arbeiten".

Wiederum gibt es die Pole „geringe" und „starke" Ausprägung. Das eine Extrem wird umschrieben mit „gelassen, ungehetzt": „Die Führungskraft bevorzugt ein langsameres oder entspanntes Arbeitstempo." Das andere Extrem, „schnell, geschäftig", meint: „Sie bevorzugt einen strengen Arbeitsplan mit schnellem Tempo, der sie ständig beschäftigt."

Zu den weiteren Persönlichkeitsdimensionen heißt es bezüglich der Pole:

- „Eigenständigkeit" von „teamorientiert" bis „unabhängig, selbstständig"

- „Arbeitsorganisation" von „unstrukturiert" bis „strukturiert"
- „Routinebedürfnis, Multitasking" von „bevorzugt Routine" bis „mag vielfältige Aufgaben"
- „Bedürfnis nach Fertigstellung" von „wenig konsequent" bis „zuverlässig, umsetzungsstark"
- „Detailorientierung" von „meidet Details" bis „mag detaillierte Arbeit"
- „bevorzugt Struktur" von „große persönliche Freiräume" bis „wenig persönliche Freiräume".

Detailinformationen zum Beziehungsstil

Kommen wir zum Beziehungsstil: Bei den neun Persönlichkeitsmerkmalen geht es darum, wie die Führungskraft mit anderen umgeht, ihre sozialen Interaktionen gestaltet und andere Menschen in ihrem Sozialverhalten interpretiert. Im Mittelpunkt stehen der interpersonelle Stil, die Kritikfähigkeit und die emotionale Ausgeglichenheit. Die gemessenen Persönlichkeitseigenschaften geben mithin Auskunft darüber, wie die Führungskraft anderen begegnet und auf andere wirkt, welche Grundeinstellung sie zu anderen Menschen und zu Dingen hat und wie selbstkritisch sie veranlagt ist. Als Beispiel nehmen wir dieses Mal die Persönlichkeitsdimension „Einfühlungsvermögen": Sie ist definiert als das „Ausmaß, in dem die Führungskraft Gefühle, Beweggründe und Verhaltensweisen anderer wahrnehmen und verstehen kann".

Die Pole reichen von „eigennützig": „Die Führungskraft hat kaum Interesse daran, die Handlungen und Motive anderer zu analysieren oder zu verstehen. Sie lässt sich bei Entscheidungen wahrscheinlich kaum von zwischenmenschlichen Fragen beeinflussen", bis zu „verständnisvoll, einfühlsam": „Wenn die Führungskraft Situationen analysiert, erkennt sie wahrscheinlich zwischenmenschliche Probleme und nimmt diese ernst."

Und natürlich gibt es auch bei den weiteren Persönlichkeitsmerkmalen eine geringe sowie eine starke Ausprägung:

- „Selbstsicherheit" von „reserviert, zurückhaltend" bis „durchsetzungsstark"
- „Kontaktfreude" von „wenig soziale Interaktion, zurückgezogen" bis „offen, kontaktfreudig"
- „Wunsch, gemocht zu werden" von „unnachgiebig" bis „kooperativ"
- „Menschenbild" von „zurückhaltend, skeptisch" bis „vertrauensvoll, positiv"
- „Emotionale Ausgeglichenheit" von „kritisch" bis „optimistisch"
- „Kritiktoleranz" von „subjektiv, empfindlich" bis „objektiv, dickhäutig"
- „Selbstkontrolle" von „impulsiv, spontan" bis „beherrscht, bedacht"
- „Wettbewerbsstreben" von „gewinnen ist zweitrangig" bis „gewinngetrieben"

In ASSESS sind alle Pole und ihre Bedeutung bezüglich der jeweiligen Persönlichkeitseigenschaft exakt, ausführlich, praxisrelevant und umsetzungsorientiert beschrieben und definiert.

Das Persönlichkeitsmerkmal „Entscheidungsfindung"

Wichtig ist, dass jedes Persönlichkeitsmerkmal bei der Führungskraft nicht nur eine geringe und eine starke Ausprägung erfahren kann, sondern jeweils mögliche Stärken und Schwächen impliziert. Um Ihnen diesbezüglich einen Eindruck zu vermitteln und zu verdeutlichen, dass jedes Persönlichkeitsmerkmal angesichts seiner Stärken und Schwächen beeinflussbar und veränderbar ist, finden Sie in der Abbildung 8 die detaillierte Beschreibung des Persönlichkeitsmerkmals „Entscheidungsfindung". Zur Erinnerung: Das Merkmal ist definiert als: „Inwiefern die Führungskraft bei der Entscheidungsfindung bedacht und überlegt vorgeht, anstatt schnell zu entscheiden".

Das Persönlichkeitsmerkmal „Entscheidungsfindung"	
niedrige Ausprägung	starke Ausprägung
spontan, schnell	umsichtig, vorsichtig
Die Führungskraft trifft schnelle Entscheidungen oder bildet sich schnell eine Meinung; sie trifft gern Entscheidungen, ohne lange zu überlegen.	Die Führungskraft neigt dazu, die Dinge ernst zu nehmen und Entscheidungen und Handlungen sorgfältig zu überdenken.
Mögliche Stärken	
Wahrscheinlich kann die Führungskraft gut kurzfristig auf Probleme und Situationen reagieren. Sie ist wahrscheinlich bereit, bei Entscheidungen Risiken einzugehen.	Die Führungskraft handelt wahrscheinlich verantwortungsvoll und bedacht. Sie geht vermutlich keine unnötigen Risiken ein. Sie nimmt sich wahrscheinlich Zeit, um wichtige Entscheidungen zu überdenken.
Mögliche Schwächen	
Die Führungskraft trifft möglicherweise Entscheidungen, die sie später bereut. Sie bildet sich möglicherweise Meinungen oder trifft Entscheidungen, ohne diese ausreichend zu überdenken oder	Die Führungskraft nimmt die Dinge vielleicht zu ernst. Sie neigt vielleicht dazu, zu viel nachzudenken und Probleme nur langsam anzugehen, wenn eigentlich sofort gehandelt oder entschieden werden müsste.

mögliche Folgen in Betracht zu ziehen. Sie handelt möglicherweise impulsiv und akzeptiert oder verwirft Ideen zu schnell.	Möglicherweise ist sie übervorsichtig oder risikoscheu.

Abb. 8: Das Persönlichkeitsmerkmal „Entscheidungsfindung"

Manchmal können Menschen, die im Bereich des Persönlichkeitsmerkmals „Entscheidungsfindung" einen niedrigen Wert aufweisen, hinsichtlich ihrer Gedanken und Handlungen impulsiv und spontan sein. Die besten Leistungen bringen sie in Positionen, in denen schnelle Reaktionen verlangt werden oder Risikobereitschaft gefragt ist, um Ziele zu erreichen. Wahrscheinlich haben sie die Philosophie: „Es ist besser, jetzt eine Entscheidung zu treffen und diese gegebenenfalls zu einem späteren Zeitpunkt wieder zu ändern, statt eine Gelegenheit zu verpassen."

Wer hingegen einen hohen Wert erzielt hat, tendiert wohl dazu, beim Treffen von Entscheidungen etwas vorsichtiger zu sein. Die Führungskraft wird beispielsweise ein sicheres Gefühl haben wollen, bevor sie eine Entscheidung trifft. Sie neigt dazu, „eine Nacht darüber zu schlafen", bevor sie entscheidet, um so Impulsivität und Fehlentscheidungen zu vermeiden.

Die Verknüpfung von Persönlichkeitsmerkmalen und Kompetenzen

Alle anderen Persönlichkeitsmerkmale werden ähnlich detailliert beschrieben. Zudem umfasst das Tool eine Vielzahl an Kompetenzen, die jeweils mit einigen der Persönlichkeitsmerkmale verknüpft sind. Mit anderen Worten: Eine Kompetenz steht jeweils in einem Bezug zu den Persönlichkeitsmerkmalen, die dazu beitragen, dass die Führungskraft etwa tatsächlich in der Lage ist, eine Kompetenz zu aktualisieren, also auszuüben. Eine Kompetenz kann mithin verstanden werden als das Ergebnis mehrerer miteinander verknüpfter und wissenschaftlich prozentual gewichteter Persönlichkeitsmerkmale. Die Verknüpfung von Persönlichkeitseigenschaften und Kompetenzen wird bei ASSESS durch eine Kompetenzbibliothek ermöglicht. Ein Beispiel: Eine Führungskraft, die über die Kompetenz „zielorientierte Führung" verfügen soll (weil sie mithilfe dieser Kompetenz einen Beitrag zur Verwirklichung der Unternehmensvision leisten kann), muss bestimmte Persönlichkeitseigenschaften aufweisen. Für die Kompetenz der „zielorientierten Führung" sind dies Persönlichkeitseigenschaften wie „Selbstsicherheit", „positives Menschenbild" und „emotionale Ausgeglichenheit".

Zudem lassen sich so jobspezifische Kompetenzmodelle erstellen. Angenommen, das Kompetenzmodell für eine Topführungskraft besagt, sie solle bezüglich der folgenden zwölf Kompetenzen *über* einen hohen Ausprägungsgrad verfügen:

1. Innovationskraft
2. Entscheidungsstärke
3. Führung in Change-Prozessen
4. Unternehmerisches Denken
5. Planungs- und Organisationsfähigkeit
6. Ergebnisorientiertes Handeln
7. Lernagilität
8. *Überzeugungskraft*
9. Führungskompetenz
10. Entwicklung von Mitarbeitenden
11. Teamführung
12. Beziehungsmanagement

Die Geschäftsleitung ist der Überzeugung: „Eine Führungskraft, die über all diese zwölf Kompetenzen in einem hohen Ausprägungsgrad verfügt, kann einen optimalen Beitrag leisten, an ihrer Wirkungsstätte unsere Unternehmensziele und unsere Vision zu verwirklichen."

Kommt es zu einem Kompetenzmatch, gibt es also eine hohe Passung zwischen erforderlichen und vorhandenen Kompetenzen, lassen sich zwei Fliegen mit einer Klappe schlagen:

- Aus Unternehmenssicht arbeitet genau die richtige Person am richtigen Arbeitsplatz. Die Führungskraft leistet einen substanziellen Beitrag zur Erreichung der Unternehmensziele.
- Das Verfahren sorgt für ein Höchstmaß an Arbeitszufriedenheit und Identifikation der Führungskraft mit ihrer Tätigkeit und dem Unternehmen. Denn sie setzt an ihrem Arbeitsplatz ihre Begabungen, Talente und Kompetenzen optimal ein, weil nicht nur die Kompetenzen zur Aufgabe passen, sondern auch die Aufgabe zu ihren Kompetenzen, Fähigkeiten und Persönlichkeitseigenschaften.

ASSESS analysiert nun, welche tatsächliche Ausprägung die zwölf Kompetenzen haben, und stellt den Bezug zu den genannten Persönlichkeitseigenschaften her. Nehmen wir als Beispiel die Kompetenz „Innovationskraft", die wie folgt definiert ist: „Bringt neue Ideen hervor und fördert das Unternehmen sowie die Branche durch neue Herangehensweisen an Arbeit, Produkte und Dienstleistungen". Das Tool stellt den Bezug zu den folgenden Persönlichkeitseigenschaften her, die Sie aus den Ausführungen zu Denkstil, Arbeitsstil und Beziehungsstil kennen: „Entscheidungsfindung, Kritiktoleranz, Routinebedürfnis/Multitasking, Faktenorientierung, Realistisches Denken, Reflektiertes Denken, Arbeitsintensität":

- *Entscheidungsfindung:* Trifft Entscheidungen vielleicht zu schnell. Ideen werden möglicherweise ohne ausreichende Reflexion akzeptiert oder abgelehnt.
- *Kritiktoleranz:* Zeigt sich offen für Feedback von anderen und sucht dieses, um Innovationen und Ideen zu verbessern.

- *Routinebedürfnis, Multitasking*: Ist möglicherweise so sehr mit der Bewältigung mehrerer gleichzeitiger Anforderungen beschäftigt, dass nur wenig Zeit für Innovation verbleibt.
- *Faktenorientierung*: Entwickelt vielleicht Ideen aufgrund von Intuition oder Bauchgefühl und ist möglicherweise frustriert, wenn Daten zur Umsetzbarkeit dieser Ideen angefordert werden.
- *Realistisches Denken*: Ist bei der Entwicklung von Lösungen eventuell idealistisch und weniger auf die praktische Umsetzbarkeit fokussiert.
- *Reflektiertes Denken*: Unterstützt manchmal Ideen oder gibt Empfehlungen, ohne die zugrundeliegenden Probleme wirklich zu verstehen.
- *Arbeitsintensität*: Hat ein gesundes Verständnis für Dringlichkeiten und sollte andere rechtzeitig motivieren, kontinuierliche Verbesserungs- oder Innovationsprojekte in Angriff zu nehmen.

Aus dem Zusammenspiel von Kompetenzen und Persönlichkeitseigenschaften generiert ASSESS einen Entwicklungsbericht, in dem sich Hinweise und Umsetzungstipps finden, was die Führungskraft tun kann, um Kompetenzlücken, also Lücken zwischen erforderlichen Soll-Kompetenzen und tatsächlich vorhandenen Ist-Kompetenzen, zu schließen.

Zum einen spricht das Tool in dem Report Empfehlungen aus, welche Persönlichkeitseigenschaften die Führungskraft weiterentwickeln sollte, um eine Kompetenz auf- oder auszubauen. Und zugleich kann das Unternehmen prüfen und entscheiden, welche Weiterbildungsmaßnahmen sie besuchen und welche Trainings oder Coachings sie absolvieren sollte, um zu einer besseren Performance zu gelangen.

Interviewfragen und 360-Grad-Feedback-Analyse nutzen

Die Analyseergebnisse können durch zwei weitere Maßnahmen vertieft werden: durch strukturierte Interviewfragen im Gespräch mit der Führungskraft und durch die 360-Grad-Feedback-Analyse. Nehmen wir als Beispiel die Kompetenz „Innovationskraft". Um deren Ausprägung einzuschätzen, können der Führungskraft Fragen wie die folgenden gestellt werden:

- „Schildern Sie mir eine Situation, in der Sie daran beteiligt waren, für Ihre Gruppe (oder Abteilung, Unternehmen) langfristige Ziele und Richtungsvorgaben festzulegen."
- „Wie sind Sie an die Aufgabe herangegangen? Welche Aspekte haben Sie berücksichtigt?"
- „Beschreiben Sie eine Situation, in der Sie der Ansicht waren, dass es wichtig für die Gruppe (Abteilung oder Unternehmen) wäre, die Richtung oder Denkweise zu ändern, und Sie sich persönlich für diese Änderung eingesetzt haben. Was haben Sie gemacht?"

Bei der 360-Grad-Feedback-Analyse fließen die Selbstbewertungen der Führungskraft ebenso ein wie die Bewertungen ihrer Führungskraft, der Kollegen und der Mitarbeiter. So entsteht ein ausgewogenes, umfassendes und authentisches Bild, das an Aussagekraft nicht zuletzt deshalb gewinnt, weil es von Menschen kreiert wird, die täglich mit der Führungskraft tun haben. Weil auch Mitarbeiter und Kollegen Feedback geben, bietet die Analyse differenzierte und vielschichtige Einblicke in das Verhalten am Arbeitsplatz, die der Vorgesetzte der Führungskraft allein in dieser Ausführlichkeit wohl nicht gewinnen könnte.

Wichtige Einsatzbereiche des Tools

Die bisherigen Ausführungen mögen Ihnen einen Eindruck von der Komplexität des Kompetenzdiagnostiktools verschafft haben. Durch die Beschreibung der Verhaltensdimensionen eines Menschen gewinnt ASSESS an Stringenz und Aussagekraft. Unternehmen, die nicht konkret feststellen, über welche der Kompetenzen, die zur optimalen Ausgestaltung einer Stelle notwendig sind, ihre Führungskräfte und Mitarbeiter verfügen, werden kaum Menschen für ihr Unternehmen gewinnen und begeistern können, die dort ihren Job gern und mit Begeisterung ausüben und so optimale Arbeitsergebnisse und eine Topperformance erbringen. Denn ohne Kompetenzmatch werden sie sich an ihrem Arbeitsplatz nicht wohlfühlen. Und das nutzt weder dem Unternehmen noch der Führungskraft oder dem Mitarbeiter.

Damit ist einer der wichtigen Einsatzbereiche des Tools angesprochen: das kompetenzorientierte Recruiting. Erforderliche Kompetenzen, die sich in der Beschreibung einer vakanten Position wiederfinden, können mit den vorhandenen Kompetenzen eines Bewerbers gematcht werden. Bei einem Kandidaten, der bei den Entscheidern gut ankommt, dem aber eine wichtige Kompetenz fehlt oder bei dem diese zu schwach ausgebildet ist, kann gezielt daran gearbeitet werden, dass der „fast ideale" Bewerber sie doch noch auf- oder ausbaut. Hinzu kommt die kompetenzorientierte Personalentwicklung der Führungskräfte und Mitarbeiter. Es ist nun möglich, gezielt Förder- und Weiterbildungsmaßnahmen oder Trainings in Gang zu setzen, mit denen an einem Persönlichkeitsmerkmal, das für die Ausbildung einer Kompetenz als wichtig erachtet wird, gezielt gearbeitet werden kann.

Diese Themen werden uns in den anwendungsorientierten Kapiteln dieses Buches noch näher beschäftigen.

Praxisbeispiel: Diskussion um die richtige Option

Das Beispiel zeigt, wie OutMatch ASSESS by SCHEELEN® in der Realität abläuft. Lassen Sie uns dazu in einen Workshop einsteigen, bei dem es um nichts Geringeres geht als die zukünftige Entwicklung eines Unternehmens: Die Köpfe rauchen, nur noch drei Kompetenzen definieren, diskutieren, beschreiben – dann ist es geschafft. Der Vertriebsleiter eines großen mittelständischen Unternehmens aus der Konsumgüterindustrie, der Vertriebsvorstand als Senior Manager und ein Topverkäufer sitzen mit weiteren Teammitgliedern sowie einem ASSESS-Experten zusammen und definieren die Kompetenzen, die die einzelnen Vertriebsmitarbeiter benötigen, um die Ziele der Gesamtunternehmung zu erreichen:

- „Wenn das Unternehmen die Verwirklichung der Vision anstrebt: *‚Wir als Marktführer überzeugen unsere Kunden durch Service und Kundenfreundlichkeit‘*, muss der Verkäufer vor Ort vor allem auch noch Zuhörkompetenz haben", meint der Topverkäufer. Er weiß aus Erfahrung, dass Verkäufer vor dem Kunden oft lieber begeistert in Produktinformationen schwelgen und ihn zu seinem Glück überreden wollen, als dem Kunden in Ruhe zuzuhören und ihn zu überzeugen.
- „Marktführer sind und bleiben wir, wenn wir nicht nur zuhören und gut beraten, sondern auch zielorientiert verkaufen", argumentiert der Vertriebsleiter, „zum Jobprofil der Verkäufer gehört darum auf jeden Fall die Abschlussorientierung."
- Der Senior Manager ergänzt: „Die Produkte ähneln sich doch immer mehr. Einen unverwechselbaren Wettbewerbsvorsprung erreichen wir, wenn wir zum Kunden eine stabile Beziehung aufbauen, die von Vertrauen geprägt ist. Der Verkäufer muss das Zeug zum Beziehungsmanager haben."

Lange zieht sich die Diskussion hin, aber sie ist fruchtbar und äußerst wertvoll, denn sie zwingt das Projektteam, genau zu überlegen, welche Kompetenzen tatsächlich wichtig sind, um die Vision zu verwirklichen. Eine ähnlich anregende Diskussion entspinnt sich um das Jobprofil des Vertriebsleiters:

- Wie wichtig ist es, über Entscheidungsstärke zu verfügen, woran wird diese festgemacht? Wie steht es um die Belastbarkeit des Vertriebsleiters?

- Und selbst der Senior Manager aus dem Vorstand bleibt nicht außen vor: Über welche Kompetenzen muss ein Mitglied der Geschäftsleitung verfügen, um zur Verwirklichung der Vision beizutragen?

Option 1: Vorstrukturierte Kompetenzmodelle übernehmen

Die Diskussion veranschaulicht: Die Weiterbildung der Führungskräfte und Mitarbeiter orientiert sich an den Kompetenzen, die zur Realisierung der vorgegebenen operativen und strategischen Geschäftsziele unerlässlich sind. Das heißt: Für jede Jobgruppe, für jede Abteilung – sei es nun Marketing, Einkauf, Verwaltung, Controlling oder eben Vertrieb – und für jede Hierarchieebene werden die entsprechenden Kompetenzen festgelegt. Das Team nutzt das Kompetenzdiagnostiktool ASSESS, um den Prozess schnell, strukturiert und effizient durchzuführen. Zum einen bietet das Tool eine Datenbank bereits vorstrukturierter Kompetenzmodelle, die auf Tausenden von ausgewerteten Jobbeschreibungen und -profilen beruht. Die SCHEELEN® AG hat 16 fertige Kompetenzmodelle – also Standardkompetenzmodelle – entwickelt, auf die die Unternehmen zurückgreifen können. So ist in meinem Beispiel oben bereits für den Verkäufer, für den Vertriebsleiter, ja selbst für den Vorstand ein Set an Kompetenzen abgebildet, über die der Einzelne verfügen sollte.

Option 2: Kompetenzmodelle abändern

Die vorstrukturierten Kompetenzmodelle können unternehmensspezifisch angepasst werden: Neue Kompetenzen werden hinzugefügt, andere aus dem Set herausgenommen. Und weil ASSESS detaillierte Definition und Beschreibung zu jeder Kompetenz mitliefert, kann das Team jede Definition unternehmensbezogen verändern, also eine Kompetenzbeschreibung abändern.

Option 3: Neues Kompetenzmodell definieren

Das Unternehmen kann ein vollkommen neues Kompetenzmodell entwickeln, indem in freier Diskussion die notwendigen Kompetenzen mithilfe einer Kompetenzbibliothek individuell festgelegt und beschrieben werden.

Das Unternehmen entscheidet sich schließlich,

- für den Topverkäufer ein neues Kompetenzmodell zu entwickeln,
- für den Vertriebsleiter das Standardmodell zu nutzen, das vom System bereit gestellt wird, und
- für den Senior Manager das Standardmodell leicht zu modifizieren.

All dies geschieht mithilfe von ASSESS – darum ist der ASSESS-Experte an dem Prozess beteiligt, der das Kompetenzfindungsteam unterstützt, die Diskussion moderiert und diese dokumentiert. Das Team soll sich auf den Austausch der Argumente konzentrieren können, sodass am Ende des Prozesses die zur Erreichung der Unternehmensziele notwendigen Kompetenzmodelle feststehen. Dabei orientiert sich das Team oft an den jeweiligen Eigenschaften, über die die erfolgreichen Führungskräfte und Mitarbeiter verfügen: Was unterscheidet diese von den eher durchschnittlichen Kollegen? Was macht sie erfolgreich, welche Resultate erzielen sie, die die anderen nicht erreichen, und aus welchen Gründen? Des Weiteren fordert die Software die Teammitglieder auf,

- die Kompetenzen der Kompetenzbibliothek um diejenigen zu reduzieren, die für die Unternehmensentwicklung nicht so wichtig sind,
- sich überschneidende Kompetenzen herauszunehmen,

- zu überlegen, ob neue Kompetenzen hinzugenommen werden müssen,
- Kompetenzbeschreibungen zu bearbeiten,
- Rückkopplungen zum Unternehmensalltag vorzunehmen und zu fragen, welche konkrete Bedeutung eine Kompetenz für die tägliche Arbeit hat,
- Entscheidungen zu überdenken und
- Abstimmungen vorzunehmen.

Soll- und Ist-Profile vergleichen

In der Teamdiskussion schälen sich Schritt für Schritt die Soll-Kompetenzen für jede zur Diskussion stehende Position heraus. In dem langwierigen Prozess entwickelt sich ein gemeinsames Verständnis bezüglich der Kompetenzen. Der nächste Schritt: Die Soll-Kompetenzen werden mit den Ist-Kompetenzen abgeglichen – die Messung und Analyse der Kompetenzen ist angesagt. Der Vertriebsleiter kann gewiss ganz gut einschätzen, über welche der Soll-Kompetenzen seine Truppe und jeder einzelne Verkäufer in welchem Ausprägungsgrad verfügt. Allerdings:

Zielführender ist es, sich eines Tools zu bedienen, das valide und systematisch Aufschluss über die Kompetenzen und die bevorzugten Verhaltensweisen eines Menschen gibt. Überdies erlaubt es eine Einschätzung der Persönlichkeitseigenschaften eines Menschen.

Und genau so geht das Unternehmen vor, bei dem der Vertriebsleiter, der Senior Manager im Vorstand und der Topverkäufer arbeiten. Es lässt die vorhandenen Ist-Kompetenzen aller Führungskräfte und Mitarbeiter messen und das Ergebnis mit den erforderlichen Soll-Kompetenzen vergleichen. Die Messung zeigt, an welchen Stellen bei welchen Führungskräften und Mitarbeitern Kompetenzlücken klaffen, die mit Schulungsmaßnahmen geschlossen werden sollten, um schließlich zu einem Kompetenzmatch zu gelangen: Soll- und Ist-Kompetenzen, Anforderungs- und Qualifikationsprofil passen bestmöglich zueinander.

Ab in die Selbstreflexion!

- Übertragen Sie das Muster der kompetenzorientierten Unternehmens- und Personalentwicklung auf Ihr Unternehmen: Inwiefern lässt sich die Vorgehensweise bei Ihnen einsetzen, um zu einem Kompetenzmatch zu gelangen, also zu einer Passung zwischen erforderlichen und vorhandenen Kompetenzen?
- Welche Umsetzungsschritte und Aktivitäten sind dafür notwendig? Entwickeln Sie einen ersten Umsetzungsplan, den Sie gern mit mir diskutieren können.

Kapitelfazit: Rück- und Ausblick

- Kompetenzorientierte strategische Unternehmens- und Personalentwicklung setzen bei der Festlegung der Vision an. Wird diese von möglichst vielen Menschen mitgetragen, können aus ihr eine Umsetzungsstrategie und Ziele abgeleitet werden. Stehen diese fest, lässt sich die Frage beantworten, über welche Kompetenzen jeder Mitarbeiter und jede Führungskraft – auch zukünftig – verfügen sollte, damit die angestrebte Entwicklung möglich ist.

- Nach dem Abgleich von Soll-Kompetenzen und Ist-Kompetenzen können Kompetenzlücken mithilfe eines zielgerichteten Personalentwicklungskonzeptes sowie entsprechender Weiterbildungsmaßnahmen geschlossen werden, um zu einem Kompetenzmatch zu gelangen.

- Mit ASSESS lassen sich Jobprofile und Kompetenzmodelle entwickeln, die abbilden, welche Kompetenzen die Führungskräfte und Mitarbeiter haben oder aufbauen sollten. So ist es möglich, jene Kompetenzlücken messbar nachzuweisen, zu schließen und ein Kompetenzmatch herbeizuführen.

- Am Ende dieses Prozesses verfügen die Führungskräfte und Mitarbeiter über genau die Kompetenzen, welche notwendig sind, um die Ziele, die Strategie und die Vision des Unternehmens zu verwirklichen.

- Im nächsten Kapitel lernen Sie mit RELIEF Stressprävention by SCHEELEN® ein Tool kennen, mit dem sich analysieren lässt, ob sich die Menschen im Unternehmen und an ihrem Arbeitsplatz wohlfühlen und ob das Wertesystem des Unternehmens und das der Menschen zueinander passen.

KAPITEL 4

Das Wellbeing-Match

The Healthy Company – Mental Health und Resilienz durch hohen Zufriedenheitsfaktor

Der Match(ing)plan dieses Kapitels

- Sie lernen ein Stresspräventionstool kennen, mit dem Sie den Wellbeing-Faktor (Wohlfühl- und Zufriedenheitsfaktor) aufseiten der Führungskräfte und Mitarbeiter erhöhen.
- Sie stellen sicher, dass sich die Menschen im Unternehmen und am Arbeitsplatz wohlfühlen, weil sie sich mit dem Unternehmen identifizieren können.
- Sie erfahren, dass sich mithilfe des Stresspräventionstools die Widerstandskräfte und die Mental Health der Menschen und des Unternehmens optimieren lassen.

Wer sich am Arbeitsplatz wohlfühlt, leistet mehr

Wahrscheinlich werden Sie mir nicht widersprechen: Nur wer psychisch widerstandsfähig ist und einen hohen Resilienzfaktor aufweist, kann Stress und Belastungen bewältigen. Wer seine Widerstandskraft bezüglich der sieben klassischen Resilienzsäulen (Rampe 2005) Optimismus, Akzeptanz, Lösungsorientierung, Abschied von der Opferrolle, Verantwortungsübernahme, Netzwerken und Zukunftsorientierung erhöht, sorgt dafür, dass die Energietankstelle immer gut gefüllt ist und dass man „nachtanken" kann. Resilienz am Arbeitsplatz und im Unternehmen heißt aber auch, dass das Unternehmen die Rahmenbedingungen und die Begleitumstände, ebenso wie die Arbeitsprozesse und die Arbeitsorganisation derart aufstellen muss, dass die Führungskräfte und Mitarbeiter überhaupt erst einmal die Möglichkeit haben, ihre Widerestandskräfte zu stärken. Das ist der beste Weg, um die Mental Health im gesamten Unternehmen zu steigern.

Entscheidend ist mithin, die Menschen vor Überforderung und Unterforderung zu schützen, dabei Burn-out-Prophylaxe zu betreiben und dem inneren Ausbrennen vorzubeugen, welches zur inneren Kündigung und zu Arbeitsausfall führt.

Das fängt bereits beim Recruiting an. Der Einstellungsprozess sollte auf eine Art und Weise erfolgen, die sicherstellt, dass zum Beispiel das Wertesystem des Kandidaten und das des Unternehmens kompatibel sind. Eine Bewerberin sollte sich mit dem, was das Unternehmen tut, identifizieren können und sich am Arbeitsplatz nicht verbiegen müssen. Eine Bewerberin, die auf eigenverantwortliches und eigene ständiges Arbeiten Wert legt, ist in einem streng hierarchisch strukturierten Unternehmen nicht gut aufgehoben und wird dort wohl kaum zu einer Topperformance finden. Ziel ist auch ein Wertematch, das der Bewerberin zahlreiche Identifikationsmöglichkeiten erlaubt. Sie soll sich möglichst in den Werten des Arbeitgebers wiederfinden.

Selbst der Begriff „Sinnstiftung" ist nicht zu hoch gegriffen. Meine Erfahrung jedenfalls lautet: Sinn ist oft eine starke Quelle für Lebens- und auch Arbeitsfreude, und damit für die Motivation. Positive Emotionen – womit *nicht* das unrealistische Denken mit der rosaroten Wahrnehmungsbrille gemeint ist – fördern die Leistungsfähigkeit und führen häufig zu besseren Arbeitsergebnissen. Wer Sinn und Befriedigung in seiner Arbeit findet, ist meistens widerstandsfähiger und resilienter.

Darum gilt: Die Unternehmen gestalten das Betriebsklima so, dass die Führungskräfte und Mitarbeiter an ihren jeweiligen Arbeitsplätzen zufrieden sind und einen individuellen Sinn in dem sehen, was sie dort tun. Das heißt:

- Wer den Zufriedenheitsfaktor der Menschen steigert,
- wer eine Unternehmenskultur etabliert, in der die Führungskräfte und Mitarbeiter mit Optimismus und Zuversicht nach vorn blicken,
- wer die Arbeitsprozesse so aufbaut, dass die Menschen ihre Stärken – ihre Kompetenzen! – einsetzen und ausbauen können,
- wer dafür sorgt, dass ein sinnstiftendes Arbeitsleben ohne belastende Stressoren die Menschen zufriedener und gesünder macht ...

der trägt zum Unternehmenserfolg bei.

Was können Sie tun, um den Wellbeing-Faktor zu erhöhen? Wichtig ist eine wertschätzende Führung, bei der die Mitarbeiter nicht als Ressource oder Kapital angesehen werden, sondern als gleichberechtigte Individuen, die es auf Augenhöhe und unter Berücksichtigung ihrer Individualität zu führen gilt – ich erinnere in diesem Zusammenhang an den bereits angesprochenen „Megatrend Mensch®". Dazu gehört gewiss,

- ein echtes Interesse an den Menschen zu zeigen,
- sie zwar zu kritisieren und auf Fehler und Missstände aufmerksam zu machen, dabei aber stets konstruktiv und produktiv zu agieren, um das Selbstwertgefühl zu schützen und das Selbstbewusstsein zu stärken,
- ihre Stärke und Potenziale zu entwickeln,
- sie zu fordern und zu fördern und ihnen Unterstützung zu geben, wenn es notwendig ist, um die Unternehmensziele zu erreichen,
- eine auf Verbesserungen zielende Lernkultur zu entwickeln und
- eine offene und transparente Informations- sowie Kommunikationspolitik zu betreiben.

Selbstverständlich umfasst eine wertschätzende Führung weitere wichtige Aspekte. Grundsätzlich stellt sich die Frage, auf welchem Niveau sich der Wohlfühl- und Zufriedenheitsfaktor im Unternehmen und bei den Menschen überhaupt befindet. Zielführend ist es daher, zunächst einmal diesen Faktor aufseiten der Führungskräfte und Mitarbeiter zu analysieren und festzustellen, wo es Optimierungspotenzial gibt. Denn auf dieser Grundlage lassen sich gezielt Maßnahmen ergreifen und Aktivitäten umsetzen, die dazu beitragen, die Gesundheit der Menschen und deren Mental Health positiv zu beeinflussen und zu fördern. Und genau an dieser Stelle kommt RELIEF Stressprävention by SCHEELEN® ins Spiel.

Die Grundlagen von RELIEF by SCHEELEN®

Das Tool unterstützt Menschen dabei, ihre Leistungskraft und ihre Begeisterung für den Job zu erhalten sowie ihre Gesundheitsrisiken zu orten und in eine sinnvolle Stressprävention umzusetzen. Die Entscheider in den Unternehmen erhalten ein Bild über die subjektiv empfundenen Stressquellen, die arbeitsplatzspezifischen Belastungen sowie Gefährdungen am Arbeitsplatz und über wirkungsvolle Maßnahmen, wie sich diesen begegnen lässt. Ziel ist, das Wellbeing, das Wohlbefinden der Führungskräfte und Mitarbeiter, in die Businessstrategie zu integrieren, indem die Entscheider akzeptieren, dass zufriedene Führungskräfte und Mitarbeiter bessere Leistungen erbringen als Menschen, bei denen dies nicht der Fall ist.

Zusammenfassend lässt sich sagen, dass sich das Tool vor allem mit diesen Themen beschäftigt:

- Persönliche Stressquellen und Belastungen: „Wo kommt mein Stress her?"
- Kurz- und langfristige Auswirkungen: „Wie stark beansprucht mich mein Stress?"
- Innere kognitive und emotionale Antreiber: „Inwiefern trage ich selbst dazu bei, den Stress noch zu verstärken?"
- Sinnhaftigkeit: „Wo erlebe ich Sinn bei der Arbeit?"
- Motivation und Engagement: „Wie motiviert mich mein Umfeld?"
- Resilienz und Coping: „Wie bewältige ich meinen Stress?"
- Stressindex: „Inwieweit bin ich Burn-out-gefährdet?"
- Handlungsempfehlungen: „Wo und wie sollte ich ansetzen, um mit Stress besser umzugehen?"

Das Tool wird in diesen Bereichen eingesetzt:

- Stressprävention
- Gesundheitsförderung
- Betriebliches Gesundheitsmanagement
- Persönlichkeitscoaching
- Wiedereingliederung nach Burn-out
- Führungstrainings
- Teamentwicklungen

Im Folgenden liegt der Fokus auf den Aspekten, die für das Matchingkonzept von Bedeutung sind.

Stressfördernde Denk- und Verhaltensmuster bekämpfen

Mit dem Tool lassen sich die individuellen Stressoren und belastenden Situationen erkennen, die die Menschen bei der Erbringung von Topleistungen behindern. Aber auch Aussagen über die kognitiven und emotionalen inneren Antreiber sind möglich. Dabei werden unter den kognitiven inneren Antreibern stressfördernde Denkmuster, wie beispielsweise das Mussdenken, das sogenannte Katastrophisieren (gemeint ist Schwarzmalerei), die Frustrationsintoleranz und das Globalisieren verstanden. Diese Denkmuster ziehen stressfördernde Fehleinschätzungen nach sich. Beim Mussdenken etwa kann ein Mitarbeiter von einer einmal gefassten Vorstellung oder Erwartungshaltung nicht mehr abrücken, sodass er absolute Forderungen an sich selbst und andere stellt. Das Mussdenken lässt wenig bis keine Grauschattierungen oder Zwischentöne zu, sondern fordert Absolutheit, Perfektion und Schwarz-Weiß-Denken ein.

Bei den emotionalen inneren Antreibern spielen Glaubenssätze oder Verhaltensmuster wie „Sei perfekt!", „Sei stark!", „Sei gefällig!", „Beeile dich!" und „Strenge dich an" eine Rolle. Das Problem dabei: Diese in Befehlsform verinnerlichten emotionalen Antreiber führen oft dazu, dass sich ein Mitarbeiter selbst Stress bereitet, weil er glaubt, den inneren Antreibern unbedingt gehorchen zu müssen.

Die stressfördernden Denk- und Verhaltensmuster, ebenso wie die mangelhafte Sinnstiftung, verhindern den Aufbau von Resilienz und Widerstandskraft. Indem RELIEF das Vorhandensein dieser Muster aufzeigt, eröffnet sich den Entscheidern im Unternehmen die Möglichkeit, den Menschen Unterstützung dabei anzubieten, Stress und Burn-out vorzubeugen. Denn das Tool weist bezüglich der problematischen Handlungsfelder auf Bewältigungsstrategien hin, die zeigen, in welchen Bereichen eine Veränderung notwendig ist. Konkret: Wenn zum Beispiel bei einer Mitarbeiterin das Hauptproblem darin besteht, dass bei ihr Stress entsteht, weil sie sich ihren inneren kognitiven und emotionalen Antreibern ausgeliefert sieht, zeigt das Tool an, dass der Veränderungsprozess zuallererst hier ansetzen sollte. Die entsprechenden Maßnahmen tragen dazu bei, dass sie das Schwarz-Weiß-Denken ablegt und sich von dem Glaubenssatz, immer perfekt sein zu müssen, verabschiedet.

In der Folge fühlen sich die Menschen am Arbeitsplatz wohl – oder wohler. Es fällt ihnen leichter, sich mit Unternehmen und Tätigkeit zu identifizieren.

Die Handhabung des Diagnostiktools ist recht einfach: Die Führungskräfte und Mitarbeiter beantworten online einen Fragebogen – es handelt sich um ein onlinegestütztes Selbstbeurteilungsverfahren.

Übrigens: Unter www.scheelen-institut.com/profiling-tools/relief finden Sie weitere Informationen zu dem Tool. Und unter https://relief-stresspraevention.com können Sie eine kostenlose Stressanalyse anfordern.

Schließlich werden die potenziellen Belastungsfaktoren des Unternehmens ausgewertet und mithilfe eines Reports mit veranschaulichenden Grafiken dargestellt. Durch ein Ampelsystem erkennen die Unternehmen sofort, wo zum Beispiel bei psychischen Gefährdungspotenzialen und Beeinträchtigungen ein akuter Handlungsbedarf besteht und die Unterstützung der Menschen angesagt ist. Der nebenstehende QR-Code führt Sie zu einem RELIEF-Musterbericht (unter https://media.scheelen-institut.com/SCHEELEN_AG_RELIEF_Musterbericht_Individual_Angestellt_2022.pdf).

Übrigens: Das Tool gibt auch Aufschluss über die psychischen Gefährdungspotenziale und Beeinträchtigungen am Arbeitsplatz. Damit können die Unternehmen der gesetzlichen Verordnung zur Gefährdungsbeurteilung nachkommen, die vorsieht, dass jeder

Arbeitsplatz daraufhin untersucht werden muss, ob er psychische Belastungen wie Stress und Druck verursacht. Zugleich ist das Ergebnis in Form eines Gutachtens gesetzeskonform einreichbar. Außerdem können daraus ein Maßnahmenplan erstellt, Handlungsfelder bestimmt und Trainingsbereiche abgeleitet werden, um einen Projektplan für die PE-Abteilung zu entwerfen.

Selbstverständlich sollen und dürfen die Arbeitsplatzbedingungen nicht zu vermeidbaren Stresssituationen und Belastungen führen. Darum steht die Stressprävention im Fokus des Tools, mit dem sich kritische Handlungsfelder, durch die Stress entstehen können, und die individuelle Stressbelastung von Führungskräften und Mitarbeitern frühzeitig erkennen lassen, um entsprechend gegenzusteuern. Zudem können Fehlleistungen, Erschöpfungssyndrome und Burn-out verhindert werden.

Bewährt hat sich RELIEF auch und vor allem in Krisenzeiten, in denen es wichtig ist, die Widerstandskräfte zu erhöhen, Resilienz aufzubauen und leistungsmindernde sowie -hemmende Stressfaktoren auszumerzen. Wer in Krisenzeiten emotional belastende Faktoren erkennen und bekämpfen kann, nutzt das Testverfahren, um bei den Führungskräften und Mitarbeitern ein individualisiertes Stresserlebensmuster zu erstellen und die individuellen Stressquellen mit ebenfalls individuellen Maßnahmen anzugehen.

Andere Verfahren zielen in der Regel entweder auf betriebliche Auslöser oder auf Reaktionen eines Menschen. Ersteres wird als auf die Verhältnisse, Letzteres als auf das Verhalten bezogene Diagnostik bezeichnet. Nur wenige Diagnostikverfahren erfassen überdies die Prozesskomponente und untersuchen, wie sich Stress über die Zeit entwickelt. Bei RELIEF aber handelt es sich um ein Diagnostikverfahren, bei dem alle drei Aspekte Berücksichtigung finden. Das Tool erhebt zum einen die individuellen Auslöser einer gestressten Person und beachtet zum anderen die individuellen Auswirkungen. Zudem fragt es nach den Prozessen, die Stress begünstigen oder abfedern. In Kombination mit unterstützenden Ressourcen oder

Resilienzfaktoren ergibt sich ein höchst individuelles Belastungsmuster, das auf eine Person zugeschnittene Interventionen ermöglicht – all dies mit dem Ziel, gestressten Personen eine Verbesserung ihrer gegenwärtigen Situation zu ermöglichen.

Mit EQ-Modul Krisen besser bewältigen

Unterstützt wird das Tool durch ein weiteres Instrument aus der IN-SIGHTS-MDI®-Familie, das EQ-Modul. Es handelt sich dabei um ein Bewertungstool zur Messung emotionaler Intelligenz. Wer sich seiner Emotionen bewusst ist, verfügt über eine höhere Selbstregulation und kann sich in stressbelasteten Situationen den Rahmenbedingungen besser anpassen. Das EQ-Modul kann außerhalb von RELIEF genutzt werden; es bietet sich jedoch an, es auch in Ergänzung zu RELIEF im Rahmen einer gelungenen Stressprävention einzusetzen.

Das Tool hilft, Emotionen wahrzunehmen, zu verstehen und gezielt anzuwenden, um eine bessere Zusammenarbeit mit anderen Menschen zu erreichen.

Wer sich von seinen Emotionen überwältigen lässt, ist besonders stressgefährdet. Darum ist es von Bedeutung, sich bezüglich der Emotionen zu fragen, wie es gelingt, sich eben nicht von ihnen überwältigen zu lassen. Dazu beobachtet eine Führungskraft, welche körperlichen Empfindungen sie immer wieder bei sich feststellt, wenn sie zum Beispiel wütend ist, sich ärgert oder in einer problematischen Krisensituation die Nerven zu verlieren droht. Wenn sie dann in einer bestimmten Situation eines oder mehrere dieser körperlichen Anzeichen bei sich wahrnimmt, fällt es ihr leichter, frühzeitig die dazugehörige Emotion zu erkennen und rechtzeitig Maßnahmen zu ergreifen, mit denen sie verhindert, sich von belastenden Emotionen negativ beeinflussen zu lassen.

Ab in die Selbstreflexion!

- Welche Möglichkeiten nutzen Sie (für sich selbst und die Mitarbeiter), um den Wellbeing-Faktor einzuschätzen?
- Wie gelingt es Ihnen, den Wohlfühl- und Zufriedenheitsfaktor zu erhöhen und die Mental Health positiv zu beeinflussen?
- Welche Möglichkeiten werden Sie in Zukunft dafür nutzen?

Kapitelfazit: Rück- und Ausblick

- Unternehmen brauchen ein Wellbeing-Match. Dies gelingt, wenn Unternehmen und Arbeitsplatz Rahmenbedingungen bieten, die es den Führungskräften und Mitarbeitern erlauben, sich rundum wohlzufühlen, zum Beispiel, indem sie sich mit dem Unternehmen identifizieren können und ihr Wertesystem mit dem des Unternehmens kompatibel ist.
- Das Wellbeing-Match führt dazu, die Mental Health zu verbessern sowie die Gefahr von Burn-out und belastendem Stress zu reduzieren.
- In den nächsten Kapiteln geht es um konkrete Anwendungsbereiche für das Matching. Wir starten mit dem Thema „Matching im Recruiting".

TEIL III

KONKRETE ANWEN- DUNGEN

Sie kennen nun die verschiedenen Bausteine eines Matchingplans, mit denen es Ihnen gelingt, das folgende Ziel zu erreichen: Die Persönlichkeitsstruktur, die Kompetenzen und die Werte passen zusammen und harmonieren miteinander, sodass sich die Führungskräfte und Mitarbeiter im Unternehmen und am Arbeitsplatz rundum wohlfühlen. So erreichen Sie Unternehmen Exzellenz!

Die vier Bausteine sind:

1. Ihre fundierte Selbst- und Menschenkenntnis, verknüpft mit Ihrer ausgeprägten Fähigkeit zur (Selbst-)Reflexion.

   - Zur Selbst- und Menschenkenntnis siehe Kapitel 1

2. das Persönlichkeitsdiagnostiktool INSIGHTS MDI® – mit ihm unterstützen und optimieren Sie Ihre Fähigkeit, die eigene Persönlichkeitsstruktur und die Ihrer Mitmenschen und Gesprächspartner (Führungskraft, Mitarbeiter, Kollegen, Kunden, Stakeholder etc.) einzuschätzen, sodass die Passung zwischen den Menschen und dem Unternehmen analysiert und hergestellt werden kann.

   - Zum Persönlichkeitsmatch siehe Kapitel 2 und www.scheelen-institut. com/profiling-tools/insights-mdi

3. das Kompetenzdiagnostiktool OutMatch ASSESS by SCHEELEN®. Mit diesem Tool analysieren und matchen Sie, welche Kompetenzen aufseiten der Führungskräfte und Mitarbeiter zur Erreichung der Unternehmensziele notwendig (Soll-Kompetenzen) und tatsächlich (Ist-Kompetenzen) vorhanden sind.

- Zum Kompetenzmatch siehe Kapitel 3 und www.scheelen-institut.com/profiling-tools/assess

4. das Tool RELIEF Stressprävention by SCHEELEN® – damit können Sie feststellen und matchen, wie es um den Wellbeing-Faktor der Menschen bestellt ist, und Einfluss nehmen – zum Beispiel auf blockierende Stressoren, hemmende Antreiber und mangelnde Sinnstiftung.

- Zum Wellbeing-Match siehe Kapitel 4 und www.scheelen-institut.com/profiling-tools/relief

In den Kapiteln 5 bis 7 stehen die Anwendungsgebiete und Einsatzbereiche der Bausteine im Fokus:

- Kapitel 5: Unternehmen Exzellenz durch Matching im Recruiting
- Kapitel 6: Unternehmen Exzellenz durch Matching in der Führung
- Kapitel 7: Unternehmen Exzellenz durch Matching im Kundenkontakt

Matching im Recruiting, in der Führung und im Kundenkontakt: Das ist es, was Unternehmen heutzutage wirklich brauchen – auch, um die Kompetenz zur Bewältigung aktueller und zukünftiger Krisen aufzubauen!

Kapitel 5
It's all about the people

Unternehmen Exzellenz durch Matching im Recruiting

Der Match(ing)plan dieses Kapitels

- Bei der Personalsuche und der Personalauswahl wird die Grundlage dafür gelegt, dass Mensch und Arbeitsplatz, Person und Unternehmen zueinander passen. Sie erfahren, warum Matching im Recruiting so wichtig ist.
- Sie lernen Methoden kennen, um mit Employer Branding das Interesse genau derjenigen Mitarbeiter für das Unternehmen zu wecken, die Sie brauchen, um unternehmerisch erfolgreich zu sein.
- Sie lesen, dass Matching auch beim Social Recruiting eine zentrale Rolle spielt.

Die Königsdisziplin beim Matching: Das Recruiting

Der Mangel an gut ausgebildeten Arbeitnehmern betrifft – zumindest derzeit, Anfang 2023 – vorwiegend bestimmte Regionen und Berufsgruppen. Er droht sich allerdings zu einem flächendeckenden und existenzgefährdenden Fachkräftemangel auszuwachsen, sodass der „War for Talents" immer weiter um sich greifen wird. Wirtschaft, Politik und Medien beschäftigen sich intensiv mit der Frage, wie es gelingt, im „War for Talents" zu siegen. Es geht dabei um die Anwerbung von Fachkräften aus dem Ausland und aus Konkurrenzfirmen, die Qualifizierung der eigenen Fachkräfte durch zielorientierte Aus- und Weiterbildungen sowie die Förderung der Vereinbarkeit von Familie und Beruf durch flexible Arbeitszeiten oder die Möglichkeit, im Homeoffice zu arbeiten, und vieles mehr. Die Unternehmen sind gefordert, alle Kanäle zu nutzen, um begeisterte und kreative Mitarbeiter zu gewinnen und an sich zu binden. Das gilt für die klassischen Recruitingwege und selbstverständlich auch für das Social Recruiting, um etwa in den sozialen Netzwerken potenzielle Bewerber auf sich aufmerksam zu machen.

Ein vorrangiges Ziel ist, die Attraktivität als Arbeitgeber zu erhöhen und den Bekanntheitsgrad des Unternehmens zu stärken, indem es sich durch die Entwicklung einer Employer-Branding-Strategie als Arbeitgebermarke präsentiert. Ich beobachte, dass ein Matching-orientiertes Unternehmen bei den potenziellen Mitarbeitern fleißig Reputationspunkte sammelt. Denn wer als Unternehmen alles tut, damit die Persönlichkeit, die Kompetenzen und die Werte eines Bewerbers optimal zum Arbeitsplatz passen, sodass sich der Mitarbeiter am neuen Arbeitsplatz rundum wohlfühlen kann, knüpft ein Band der Sympathie. Das ist in Zeiten „bunter", vielfältiger sowie höchst individueller und individualisierter Lebensentwürfe und Lebensläufe ein immer zentralerer Aspekt. „Das Unternehmen kämpft um mich, die Entscheider tun alles, damit ich mich als Mitarbeiter und Mensch am Arbeitsplatz entfalten, meine Individualität einbringen, meine Kompetenzen aktivieren und meine Werte leben kann!" – so die Gedanken eines Bewerbers, den das Unternehmen mit Persönlichkeitsdiagnostik, Kompetenzdiagnostik und Wellbeing-Aktivitäten überzeugen will, mit ihm zusammenzuarbeiten. Insofern erweist sich das Recruiting als die Königsdisziplin des Matching schlechthin:

> *Meiner Überzeugung und Erfahrung nach ist eine professionelle erfolgreiche und effektive Personalauswahl ohne Matching nicht möglich.*

Ich bin in diesem Kontext der Meinung, dass gerade ein Matching-orientiertes Unternehmen das Recht hat, selbstbewusst auf potenzielle Bewerber zuzugehen. Aufgrund des Fach- und Arbeitskräftemangels scheinen mir zurzeit allzu viele Firmen ihr Licht unter den Scheffel zu stellen nach dem Motto: „Hoffentlich ist der Bewerber gewillt, uns den Vorrang vor den anderen Unternehmen zu geben." Unternehmen, die Wert auf die Passung legen, haben den Bewerbern durchaus einiges zu bieten, was nicht Matching-orientierten Unternehmen nicht möglich ist. Darum dürfen die Matching-orientierten Unternehmen kommunizieren: „Wir unternehmen nachweislich vieles, damit sich der neue Mitarbeiter bei uns seiner Persönlichkeit, seinen Kompetenzen und Werten entsprechend einbringen kann. Darum transportieren wir selbstbewusst und selbstsicher die Überzeugung an den Bewerbermarkt, dass unsere Firma es wert ist, sich hundertprozentig bei und für uns zu engagieren!" Und dieses Selbstbewusstsein sollte den gesamten Bewerbungs- und Einstellungsprozess grundieren.

Zentrale Aspekte beim Bewerbermatch – Aspekt 1: Social Recruiting als Zukunftslösung

Beim Mitarbeiterrecruiting ist es von zentraler Bedeutung, den einzelnen Menschen in seiner individuellen Persönlichkeit abzuholen und zu prüfen, ob seine Motivatoren, seine Antreiber, seine Persönlichkeit, seine Kompetenzen und seine Werte zum Unternehmen, zur Aufgabe, zum beruflichen Umfeld sowie zu den neuen Kollegen und Führungskräften passen. Es gibt sieben Aspekte, die auf jeden Fall Berücksichtigung finden sollten. Machen wir den Anfang beim Social Recruiting. Denn ohne Social Recruiting geht heutzutage gar nichts! Wer insbesondere die jungen und motivierten Mitarbeitenden für sich gewinnen und begeistern will, muss alle Möglichkeiten ausschöpfen und sich dort präsentieren und dort nach den High Potentials suchen, wo sich diese Menschen gern und oft aufhalten: im Internet, in den sozialen Netzwerken. In heutiger Zeit ist die Präsenz eines Unternehmens in den sozialen Medien unerlässlich, etwa auf *Facebook*, *LinkedIn*, *YouTube*, *Xing*, *Instagram* und *TikTok*. Denn dort, im Internet, halten sich nicht nur, aber insbesondere die jüngeren potenziellen Bewerber auf, die auf der Suche nach einer beruflichen Herausforderung sind und nun ihrerseits matchen, ob ein Unternehmen zu ihnen passt oder nicht. Die Unternehmen müssen darum die Frage beantworten, wie sich der „Zufluss" an potenziellen Bewerbern deutlich erhöhen lässt. Wie gelingt es, dass Menschen von sich aus an das Unternehmen herantreten? Voraussetzung ist, dass das Unternehmen auf möglichst vielen Kanälen präsent ist – auch online und digital, vor allem in den sozialen Netzwerken.

Darum sollte sich ein Unternehmen auf den einschlägigen Portalen präsentieren und über eine professionelle Website verfügen, auf der sich Interessenten umfassend informieren und anschließend entscheiden können, ob es sich für sie lohnt, sich bei diesem Unternehmen zu bewerben oder mit ihm in Kontakt zu treten. Wichtig dabei ist, immer wieder viele rasche und kurze emotionalisierende

Impulse zu setzen, um den Gewohnheiten der meist jungen und Internet-affinen Zielgruppe, die angesprochen werden soll, entgegenzukommen und diese zu erreichen. Die Unternehmen sollten dazu die entsprechenden Formate nutzen, etwa kurze Videos. Eine Landingpage erlaubt es den interessierten Menschen, schnell und unkompliziert Kontakt mit dem Unternehmen aufzunehmen. So lassen sich vor allem potenzielle Bewerber erreichen, die gar nicht dezidiert auf der Suche nach einem neuen Job, aber mit ihrem derzeitigen Arbeitsplatz unzufrieden sind. Durch kurze und prägnant informierende sowie emotionalisierende Impulse, beispielsweise in Form von Videos, werden sie animiert, etwas gegen jene Unzufriedenheit zu unternehmen und sich mit dem Unternehmen auszutauschen. Wichtig ist, alle potenziellen Menschen anzusprechen:

- die wechselwilligen Kandidatinnen und Kandidaten,
- die passiven Kandidatinnen und Kandidaten, die aber offen sind für attraktive Jobalternativen, und auch
- die inaktiven Kandidatinnen und Kandidaten, die gar nicht nach einem Job suchen, also als Arbeitssuchende nicht sichtbar, jedoch an ihrem bisherigen Arbeitsplatz latent unzufrieden sind und „nur" richtig angesprochen werden müssen – auf der rationalen *und* der emotionalen Ebene.

Es lohnt sich, in Social Recruiting und digitale Werbung zu investieren. Besonders reizvoll ist es, dabei die Möglichkeiten zu nutzen, die sich online und digital anbieten, etwa durch die Integration der erwähnten Videos und den Einbau emotionaler und emotionalisierender Fotostorys, mit denen das Unternehmen Interessenten ein authentisches Bild, auch hinsichtlich der vakanten Position, verschafft.

Ihre zufriedenen Mitarbeiter können Sie unterstützen, neue Mitarbeiter zu gewinnen. Entwickeln Sie Ihre zufriedenen Mitarbeiter zu Markenbotschaftern, die Sie in jenen Videos und Fotostorys auftreten lassen. Denn die „High Potentials da draußen" müssen von Ihrer Einzigartigkeit und Ihrer Attraktivität als Arbeitgeber erst einmal Kenntnis nehmen können.

Ihre Mitarbeiterinnen und Mitarbeiter haben einen entscheidenden Anteil daran, wie Ihr Unternehmen „da draußen" wahrgenommen wird. Der Nutzen einer positiven Bewertung auf einem Portal wie www.kununu.com oder in einem Video auf der Website ist für Ihr Unternehmen Gold wert. Vor allem im Rahmen des Employer Branding sind objektive Bewertungen auf seriösen Arbeitgeberbewertungsportalen sehr nützlich und hilfreich. Und vielleicht empfehlen Ihre zufriedenen Mitarbeiter Sie als Arbeitgeber sogar im Freundes- oder Bekanntenkreis nach dem Motto: „Bei uns im Unternehmen ist eine Stelle frei, wäre das nichts für dich, ich glaube, ihr passt wunderbar zusammen, weil ..."

Übrigens: Die SCHEELEN® AG hat eine Systematik entwickelt, wie Sie mithilfe von zielgerichteten Interviews die besten Talente gewinnen – nähere Infos finden Sie hier: www.scheelen-institut.com/profiling-tools/assess und über den nebenstehenden QR-Code.

Aspekt 2: Verfahren mehrdimensional aufbauen

Das Matching-orientierte Vorgehen umfasst den gesamten Personalauswahlprozess. Um die Matching-Ausrichtung zu verstärken, empfiehlt es sich, den Prozess möglichst mehrdimensional zu gestalten. Was heißt das?

Beteiligen Sie möglichst viele Personen an dem Prozess. Lassen Sie die Arbeitsstellenanalyse und das Anforderungsprofil von mehreren Personen erstellen, die die vakante Position gut kennen und einschätzen können (Führungskraft/Vertriebsleiter, Mitarbeiter/Verkäufer, Personaler etc.). Diese Personen füllen zum Beispiel einen Analysefragebogen aus. So entsteht ein umfassendes Bild mit 360-Grad-Rundblick, welche Tätigkeiten die zu besetzende Stelle umfassen und über welche Qualitäten der oder die Stelleninhaber in spe verfügen sollten. Dabei spielen meistens Faktoren wie Motivationsstruktur, Zielorientierung, Kommunikationsfertigkeiten, Kreativität, Durchsetzungsfähigkeit, Zuverlässigkeit, Entscheidungsstärke und Vertrauenswürdigkeit eine Rolle.

Je mehr Personen in die Arbeitsstellenanalyse und die Erstellung des Anforderungsprofils integriert sind, desto aussagekräftiger und objektiver fällt das Bild der Arbeitsstelle aus.

Zum anderen ist die Forderung nach Mehrdimensionalität im Recruitingprozess erfüllt, wenn die Sichtung der Bewerbungsunterlagen unter Berücksichtigung von Matching-Gesichtspunkten erfolgt: Welche Aspekte in Anschreiben, Lebenslauf und den weiteren Unterlagen erlauben eine Einschätzung der Persönlichkeitsstruktur, der Kompetenzen – wobei dieser Aspekt meistens am einfachsten zu bewerkstelligen dürfte –, ebenso wie der Werteorientierung des Bewerbers? Welche Arbeits- und Rahmenbedingungen erhöhen sein Wohlbefinden? Die Einordnung wird durch ein ausführliches Interview, etwa per Telefon oder Videokonferenz, vertieft. Die Videokonferenz bietet den Vorteil, sich zusätzlich einen visuellen Eindruck verschaffen zu können.

Hinzu kommt der Einsatz der erwähnten Tools: Mithilfe von IN-SIGHTS MDI®, OutMatch ASSESS by SCHEELEN® und RELIEF Stressprävention by SCHEELEN® ist eine fundierte eignungsdiagnostische Einschätzung der Persönlichkeit, Verhaltensweisen, Motivatoren und

Kompetenzen gegeben. Diese Erkenntnisse werden in einem oder mehreren persönlichen Gesprächen abgesichert und gegebenenfalls relativiert oder revidiert. Wie ein Einstellungsgespräch verlaufen sollte, muss hier nicht im Detail dargestellt werden. Wofür ich Sie sensibilisieren möchte:

> *Beachten Sie stets den Matching-Gesichtspunkt, ja, priorisieren Sie ihn! Geben Sie sich nicht damit zufrieden, zum Beispiel detaillierte Aussagen zur Persönlichkeitsstruktur treffen zu können. Fragen Sie immer auch: Gibt es diesbezüglich eine Passung? Passt die Persönlichkeitsstruktur zu uns, zur Abteilung, zum Team, zu den Kollegen?*

Diese Haltung hilft allen Beteiligten: Passen Persönlichkeit und Verhaltensweisen eines Bewerbers zu einem Großteil nicht zur Stelle – und umgekehrt –, ist es wahrscheinlich sinnlos, überhaupt einen Versuch zu starten, Dinge, die nicht zusammenwachsen können, aufeinander abzustimmen. Mit anderen Worten: Entsprechen Persönlichkeit und Verhaltensweisen nicht der zu besetzenden Stelle, müsste ein Mitarbeiter sich überdurchschnittlich anstrengen, um den Job befriedigend zu erledigen. Wahrscheinlich wird es ihm nicht gelingen, ihn ähnlich gut auszuüben wie jemand, dessen Vorlieben genau zu dieser Tätigkeit passen. Eben darum ist es von immenser Bedeutung, den Bewerbungsprozess vielgestaltig und mehrdimensional aufzubauen. Je mehr Möglichkeiten es im Vorfeld der tatsächlichen Einstellung gibt, zu matchen und Aussagen zum Matchinggrad zu treffen, desto größer die Wahrscheinlichkeit, das zusammenfindet, was zusammengehört.

Aspekt 3: Auf den Basisstil fokussieren

Im zweiten Kapitel habe ich bei der Darstellung von INSIGHTS MDI® auf den Unterschied zwischen Basisstil und adaptiertem Stil hingewiesen. Lassen Sie mich darauf zurückkommen und wiederholen: Eine Hauptaufgabe im Recruiting besteht darin, möglichst dem Basisstil auf die Spur zu kommen, also dem Verhaltensstil, der Hinweise darauf zulässt, wie ein Bewerber sich selbst sieht. Der Basisstil ist kaum bewusst gewählt, er entspricht zu einem Großteil der Persönlichkeit des Bewerbers und verändert sich im Laufe der Jahre kaum. Wir zeigen ihn oft in Stress- und Belastungssituationen, weswegen es zielführend sein kann, den Bewerber im persönlichen Gespräch durch entsprechende Fragen unter Stress zu setzen. Eine Stressreaktion lässt sich durch Fragen wie diese erzeugen: „Wieso eigentlich sind Sie der festen Überzeugung, für diese Position die richtige Eignung mitzubringen?"

Apropos Frage – damit sind wir beim nächsten elementaren Aspekt angelangt.

Aspekt 4: Fragen stellen – Fragen stellen – Fragen stellen

Verifizieren Sie die durch die Tools gewonnenen Einschätzungen auf jeden Fall im persönlichen Einstellungsgespräch. Nutzen Sie dabei Ihre Menschenkenntnis sowie Ihre Zuhör- und insbesondere die Fragekompetenz.

> *Es gibt im persönlichen Dialog kein anderes Instrument, das sich so sehr eignet, einen Menschen zu lesen und zu verstehen, wie er wirklich tickt, als die Frage. Fragend erkennen Sie, mit welcher Persönlichkeit Sie es zu tun haben und welche Werte und Emotionen für Ihr Gegenüber eine Rolle spielen.*

Um die Relevanz der Fragekompetenz mit einem praktischen und anschaulichen Beispiel zu unterfüttern, komme ich auf das Unternehmen zurück, das eine Verkäuferin mit einem hohen rot-gelben Anteil sowie einem starken ökonomischen Motiv und Antrieb sucht, wobei ich die Beschreibung wie folgt erweitere: Die Verkäuferin soll stark sein in den Bereichen Kundenservice, Belastbarkeit, exzellente Selbstführung, hohe Zielorientierung, ausgeprägte interpersonelle Kommunikation, Bereitschaft zur Übernahme persönlicher Verantwortung und genaues Zuhören. Des Weiteren sollen neben dem ökonomischen Wert auch der individualistische und der theoretische Wert oder Antreiber bei ihr hoch ausgeprägt sein.

Das Unternehmen hat mehrere Bewerberinnen und Bewerber in die engere Auswahl genommen und zum Bewerbungs- oder Einstellungsgespräch eingeladen. Natürlich haben bereits die Bewerbungsunterlagen Hinweise darauf gegeben, dass sie den genannten Kriterien entsprechen, nun kommt es auf die Detailanalyse an. Im Gespräch will ein Matching-erfahrener Recruiter überprüfen, wie die einzelnen Personen ticken und inwiefern sie zu der vakanten Stelle passen. Bei einer Bewerberin hinterlassen das äußere Erscheinungsbild, die Körpersprache und der Small Talk einen guten Eindruck, die Passung scheint gegeben zu sein. Um diesen Eindruck zu verifizieren, stellt der Recruiter einige Fragen, um die Ausprägung der drei wichtigsten Antreiber einschätzen zu können:

Die wichtigsten Matchingfragen zum ökonomischen Wert und Motivator:

- „Wie wichtig ist es für Sie, viel Geld zu verdienen? Was bedeutet es für Sie, viel Geld zu besitzen?"
- „Wo möchten Sie finanziell in den nächsten x (fünf/zehn) Jahren stehen? Weshalb wollen Sie dort stehen? Welche Alternativen sind für Sie möglich?"
- „Welche Rolle spielt ein hohes Gehalt für Sie bei Ihrer Berufswahl oder bei der Entscheidung, einen Job zu behalten?"

- „Inwiefern streben Sie nach finanzieller Unabhängigkeit, auch bezüglich der Menschen, zu denen Sie eine enge Beziehung haben, etwa zur Familie?"

Die wichtigsten Matchingfragen zum individualistischen Wert und Motivator:

- „Welche Rolle spielt für Ihre Zufriedenheit im Job das Gefühl, eine Situation unter Kontrolle zu haben? Wie wichtig ist es für Sie, Ihr eigenes Schicksal in die Hand nehmen zu können?"
- „Wie wichtig ist Unabhängigkeit für Sie? Wie wichtig sind Ihnen Macht und Einfluss? Wie zufrieden wären Sie mit einem Job, wenn keiner dieser Faktoren gegeben wäre?"
- „Wie gut können Sie mit Anweisungen umgehen, die Sie von anderen erhalten? In welchem Ausmaß können Sie solche Vorgaben akzeptieren?"
- „Wie gehen Sie vor, wenn Sie andere zum Handeln motivieren wollen? Bitte geben Sie ein konkretes Beispiel für eine Situation aus Ihrem Berufsleben, in der Sie in der Lage waren, eine Gruppe von Menschen zum Handeln zu motivieren. Schildern Sie, wie Sie das erreicht haben."

Die wichtigsten Matchingfragen zum theoretischen Wert und Motivator:

- „Was ist wichtiger für Sie: aktives Handeln oder Fachwissen?"
- „Würden Sie sich selbst als Experte in einem Bereich beschreiben? Welcher Bereich ist das? Wie sind Sie vorgegangen, um das entsprechende Wissen zu erlangen?"
- „Was bereitet Ihnen beim Lernen besonders Freude? Über welche Gebiete oder Themen lernen Sie besonders gern etwas?"

- „Wie wohl fühlen Sie sich dabei, die notwendige Zeit, Energie und Anstrengung auf sich zu nehmen, um sich Wissen über ein Fach oder ein Thema anzueignen, über das Sie bisher sehr wenig gewusst haben? Und wie fühlen Sie sich dabei, wenn Sie sich wenig für das Fach oder Thema interessieren?“

Vertiefungsfragen stellen

Jetzt bohrt der Recruiter tiefer und analysiert mithilfe seiner Fragekompetenz, ob die Bewerberin stark in den Bereichen ist, die dem Unternehmen laut Anforderungsprofil (also Kundenservice, Belastbarkeit, Selbstführung, Zielorientierung, interpersonelle Kommunikation, persönliche Verantwortungsübernahme, Zuhören) wichtig sind. Dabei nutzt er Vertiefungsfragen.

Vertiefungsfragen zum Kundenservice

- „Denken Sie an Ihre letzten Kundengespräche: Nennen Sie ein Beispiel für einen Zeitpunkt, an dem Ihnen klar war, dass der Kunde nicht recht hatte, aber Sie seinen Wünschen trotzdem entgegenkommen mussten. Wie sind Sie damit umgegangen?“
- „Kennen Sie eine Situation, in der es Ihnen möglich war, die Bedürfnisse des Kunden vorherzusehen, bevor der Kunde etwas gesagt hatte? Beschreiben Sie diese Situation.“
- „Beschreiben Sie eine Situation, in der Sie die Erwartungen des Kunden nicht nur erfüllt, sondern übertroffen haben.“
- „Nennen Sie ein Beispiel, bei dem Sie mehr Einsatz zeigen mussten, um die Kundenwünsche zu erfüllen, die jemand anders dem Kunden versprochen hatte. Was genau haben Sie gemacht?“

Vertiefungsfragen zur Belastbarkeit

- „Gab es eine Zeit, in der Sie sich mit viel persönlicher Kritik von anderen konfrontiert sahen? Wie sind Sie damit umgegangen?"
- „Nennen Sie ein Beispiel für eine Situation, in der Sie eine Idee hatten, die Sie fallen lassen mussten. Wie sind Sie damit umgegangen?"
- „Beschreiben Sie eine Situation, in der Sie ein negatives Feedback von Ihrem Vorgesetzten erhalten haben."
- „Betrachten Sie sich selbst als belastbare Person?"

Vertiefungsfragen zur Selbstführung

- „Nennen Sie ein Projekt, bei dem Sie von Anfang bis Ende für die Organisation verantwortlich waren. Wie sind Sie bei der Umsetzung vorgegangen? Wie haben Sie bei Veränderungen reagiert?"
- „Haben Sie jemals einen Tag erlebt, an dem Sie nicht alles, was Sie geplant hatten, erledigen konnten? Wie sind Sie damit umgegangen?"
- „Welche Haltung haben Sie zum Thema Überstunden?"
- „Wie viel Zeit verbringen Sie täglich damit, sich zu organisieren?"

Vertiefungsfragen zur Zielorientierung

- „Beschreiben Sie das komplexeste Projekt, an dem Sie gearbeitet haben. Wie haben Sie die Handlungsschritte und Meilensteine für dieses Projekt geschafft?"
- „Nennen Sie fünf Ziele, die Sie sich für Ihre Karriere gesetzt haben. Wie viele davon haben Sie bereits erreicht? Was ist mit den Zielen, die Sie bisher noch nicht erreicht haben?"
- „Gibt es etwas in Ihrem Leben, das Sie geschafft haben, was Sie mit vollster Zufriedenheit erfüllt hat? Was ist es?"

Vertiefungsfragen zur interpersonellen Kommunikation
- „Beschreiben Sie die schwierigste Geschäftsbeziehung, mit der Sie bisher umgehen mussten. Warum war sie so schwierig? Was haben Sie getan, damit die Beziehung harmonischer verlief?"
- „Welches war die stressigste Situation, in der Sie bei der Arbeit Ihre Fassung bewahren mussten? Was haben Sie getan, damit dies gelungen ist?"
- „Was ist Ihre größte Kommunikationsstärke? Woher wissen Sie das?"
- „Nennen Sie eine Situation, in der Sie eine konstruktive Beziehung mit jemandem entwickeln mussten, dessen Standpunkt von Ihrem eigenen abwich. Wie haben Sie diese Beziehung aufrechterhalten?"

Vertiefungsfragen zur persönlichen Verantwortungsübernahme
- „Nennen Sie ein Beispiel für einen Zeitpunkt, an dem Sie anderen gegenüber eingestehen mussten, dass Sie einen Fehler gemacht haben. Wie sind Sie mit dieser Situation umgegangen?"
- „Nennen Sie ein Beispiel für eine Situation, in der andere einen Fehler gemacht haben, für den Sie die Verantwortung übernehmen mussten. Wie sind Sie vorgegangen und wie haben Sie sich dabei gefühlt?"
- „Nennen Sie ein Beispiel für eine Situation, in der Sie aus Ihren Fehlern gelernt haben. Was haben Sie in dieser Situation anders gemacht?"

Vertiefungsfragen zum genauen Zuhören
- „Wie oft setzen Sie Ideen um, die von anderen Personen vorgeschlagen wurden? Geben Sie dafür ein Beispiel."
- „Wie vermitteln Sie Ihrem Gesprächspartner, dass Sie klar verstanden haben, was er Ihnen mitgeteilt hat?"

Fragen mit typischen Unternehmenssituationen verbinden

Die Vertiefungsfragen erlauben es dem Recruiter, immer tiefer in die Vorstellungswelt der Bewerberin einzutauchen und sie immer besser kennenzulernen. Und natürlich bildet dies die Grundlage, dem Basisstil auf die Spur zu kommen und insbesondere die Persönlichkeit und die Werte der Mitarbeiterin in spe immer besser einschätzen zu können. Der Recruiter nähert sich der Beantwortung der Frage, wie es um das Match zwischen Bewerberin und Unternehmen oder Stelle bestellt ist. Dazu nutzt er Fragen zu typischen Situationen, die im Unternehmen auftreten, zum Beispiel:

- „Angenommen, kurz vor Feierabend sucht Sie ein Stammkunde auf (oder ruft Sie an) und beschwert sich über etwas ... Sie selbst sind nicht für den Grund der Beschwerde verantwortlich, Sie wollen aber auch noch einen wichtigen privaten Termin wahrnehmen. Wie reagieren Sie?"
- „Nehmen wir an, das Unternehmen bietet Ihnen die Teilnahme an einer groß angelegten Weiterbildung an. Das würde Ihnen ein bestimmtes zeitliches Investment abverlangen, zugleich aber Ihren Einfluss- und Verantwortungsbereich deutlich erhöhen. Wie reagieren Sie darauf?"

Mit einem Beispiel verknüpfte Fragen führen meistens zu differenzierten Bewerberantworten, die eine Einschätzung etwa der Arbeitseinstellung erlauben. Dazu ein weiteres Beispiel: Der Recruiter will feststellen, wie es um die Loyalität der Bewerberin bestellt ist. Dazu konstruiert er in seiner Frage einen handfesten Krach zwischen zwei Mitarbeitern: „Was unternehmen Sie, wenn Sie einen Streit zwischen Kollegen mitbekommen? Können Sie sich vorstellen, mit den Beteiligten in den Dialog zu gehen? Oder schalten Sie Ihre Führungskraft ein?" Zudem fordert er immer wieder Belege für die Antworten ein. Wenn die Bewerberin zum Beispiel äußert, sie könne gut mit Stress umgehen, hakt er nach: „Geben Sie mir ein Beispiel dazu. Wie verhalten Sie sich an Ihrem aktuellen Arbeitsplatz, wenn Sie von Ihrer Chefin heftig kritisiert werden?"

Wie der Recruiter im Detail agiert und welche Fragen er im Einzelfall stellt, ist abhängig von der Ausrichtung und der Intention des Unternehmens und der vakanten Stelle. Allgemein jedoch gilt:

Entscheidend ist die strikt Matching-orientierte Vorgehensweise.

Darum gibt er sich nie mit Standardantworten zufrieden. Die Vertiefungsfragen dienen ihm dazu, sukzessive immer mehr Details in Erfahrung zu bringen und eine zielgerichtete Einschätzung der Persönlichkeit und der Motivatoren der Bewerberin vorzunehmen.

Aspekt 5: Employer Branding – sich als attraktive Arbeitgebermarke präsentieren

Mittlerweile wissen es alle: Employer Branding ist wichtiger als Product Branding. In Zeiten des Fach- und Arbeitskräftemangels ist es daher erforderlich, eine Sogwirkung auf die potenziellen Bewerber auszuüben. Das Unternehmen darf sich nicht nur fragen, was der Bewerber für den Arbeitgeber tun kann, um ihm bei der Erreichung der Unternehmensziele zu unterstützen. Es muss die Frage auch in die andere Richtung stellen:

„Was können wir, was kann das Unternehmen tun, um dem Bewerber zu helfen, seine (beruflichen) Ziele mit uns und bei uns zu verwirklichen? Was können wir tun, damit das Unternehmen in seiner Wahrnehmung so attraktiv für ihn ist, dass er sich nicht für den Wettbewerb, sondern für uns entscheidet?"

Mit einiger Wahrscheinlichkeit wird sich ein neuer Mitarbeiter bei Ihnen vor allem deswegen wohlfühlen, weil das Auswahlverfahren durch die Matching-Ausrichtung von vornherein darauf ausgerichtet ist, zu einer hohen Übereinstimmung zwischen den Mitarbeiterpräferenzen und denen Ihres Unternehmens zu gelangen. Ein Mitarbeiter, der nicht über die Kompetenzen verfügt, die Ihr Unternehmen braucht, und der nicht über die Werteorientierung verfügt, die bei Ihnen gelebt wird, wird sich bei Ihnen gar nicht erst bewerben oder rasch merken, dass das Unternehmen und er nicht zueinander passen. Dabei gilt: Gerade für hoch qualifizierte Mitarbeiter sind nicht allein die wirtschaftlichen Kennzahlen von Bedeutung, sondern auch die Werteorientierung. Sie achten darauf, dass die Unternehmenskultur und die Unternehmensphilosophie zu ihren eigenen Werten und Überzeugungen passen.

Oft spielt zudem der Weiterbildungsgedanke eine elementare Rolle. So ist es zielführend, spezielle Mitarbeiterbindungsprogramme für High Potentials anzubieten. Diese Leistungsträger zeichnen sich dadurch aus, dass sie intrinsisch motiviert und voller Eigenengagement, stressresistent und durchsetzungsfähig, risikobereit und ständig auf der Suche nach neuen Herausforderungen sind. Sie identifizieren sich mit ihrem Beruf, mit ihrer individuellen Kernkompetenz. Dass das Gehalt und die ökonomischen Rahmenbedingungen stimmen, setzen sie voraus. Wenn sie sich jedoch richtig geführt fühlen, spielt der eine oder andere Euro mehr oder weniger auf dem Gehaltszettel nicht mehr eine ganz so erhebliche Rolle.

Meine Erfahrung ist: High Potentials verbleiben gern in Unternehmen, in denen eine wertschätzende Führung, individuelles Coaching und eine zielorientierte Weiter- und Personalentwicklung im Fokus stehen, wo sie also fit gemacht werden für ihre indivie duelle berufliche Zukunft. Das heißt aber oft auch: Sie wechseln schnell das Unternehmen, wenn die alte Wirkungsstätte diese Bedingungen nicht (mehr) erfüllt. Darum sollten die genannten Punkte genutzt werden, um sich als Arbeitgebermarke zu präsentieren. Die bereits erwähnten Mitarbeiterbindungsprogramme, ein mitarbeiterorientierter Führungsstil, individuelle Weiterbildungsmöglichkeiten und eine Lernkultur, die Fehler als Ausgangspunkt und Startschuss für substanzielle Verbesserungen definiert, sind erforderliche Bestandteile eines Vorgehens, das die Etablierung des Unternehmens als attraktive Arbeitgebermarke zum Ziel hat. Besonderes Augenmerk sollte auf die Alleinstellungsmerkmale gelegt werden, damit Bewerber sofort erkennen können, was das Unternehmen vom Wettbewerb unterscheidet. Wer seine Einzigartigkeit angemessen darzustellen und hervorzuheben versteht, hat beste Chancen, als interessanter Arbeitgeber wahrgenommen zu werden.

Der große Vorteil ist, dass insbesondere der Einsatz des Persönlichkeitsdiagnostiktools INSIGHTS MDI® und des Kompetenzdiagnostiktools OutMatch ASSESS by SCHEELEN®, aber auch des Tools RELIEF Stressprävention by SCHEELEN® genügend eindeutige Hinweise bietet, wie ein Bewerber tickt.

So lässt sich das Employer Branding auf die Bewerber ausrichten, die das Unternehmen primär für sich gewinnen will. Im Einstellungsprozess und in den persönlichen Gesprächen präsentiert es sich dann als die Arbeitgebermarke, die von einem Bewerber als attraktiv und anziehend empfunden wird.

Natürlich nutzt auch ein Bewerber das persönliche Gespräch zu der Einschätzung, ob ihm das Unternehmen die Möglichkeit bietet, sich dort zu entfalten. Darauf sollten Sie vorbereitet sein. Der Bewerber möchte prüfen, ob Unternehmen, Stelle und er zusammenpassen. Matching-erfahrene Recruiter bereiten darum stets eine Unternehmensdarstellung und eine genaue Beschreibung des Jobs, des Arbeitsplatzes und des Arbeitsumfeldes (Strukturen, Führungskräfte, Mitarbeitende, Kollegen, Kunden, Anforderungen, Arbeitsklima) vor. Denn je mehr ein Bewerber über das Unternehmen weiß, desto besser kann auch er einschätzen, ob der vakante Arbeitsplatz der richtige für ihn ist. Und desto größer ist die Matching-Wahrscheinlichkeit. Damit der Recruiter das Unternehmen bei einem Bewerber, den er unbedingt für eine vakante Stelle gewinnen will, entsprechend darstellen kann, ist es von Vorteil, wenn er ihm die Stelle typgerecht schmackhaft machen kann. Nehmen wir an, eine Recruiterin befindet sich im Gespräch mit einem (nach INSIGHTS MDI®) roten Bewerber und will das Unternehmen als attraktiven Arbeitgeber präsentieren. Dazu geht sie so vor:

- Sie argumentiert typologisch und verdeutlicht ihm, dass er selbstständig arbeiten, einige Sprossen auf der Karriereleiter erklimmen, einen erfolgs- und strikt leistungsbezogenen Job ausüben und recht gut verdienen kann.
- Sie erläutert dem Bewerber, dass er sein eigener Chef sein und freie Gestaltungsmöglichkeiten nutzen kann und ein Mitspracherecht bei der Auswahl seiner Mitarbeiter hat.

Bei den anderen Mitarbeitertypen lohnt sich der Einsatz dieser typologischen Argumente:

Argumente, um den gelben Bewerber zu begeistern
- unabhängige Tätigkeit mit hoher Selbstbestimmung
- nach oben offenes Einkommen
- Backoffice vorhanden
- Entwicklungs- und Entfaltungsmöglichkeiten, eigene Karrieregestaltung
- Selbstverwirklichungsgrad hoch
- junges, dynamisches Team als Unterstützung

Argumente, um den grünen Bewerber zu überzeugen
- Job ist familienkompatibel
- Job bietet Sicherheit sowie teambegleitete Selbstständigkeit und fußt auf einem seit Jahren bewährten System
- intensive und harmonische Arbeit mit Menschen möglich

Argumente, um den blauen Bewerber zu überzeugen
- Arbeit mit bewährtem Konzept
- Strukturierte und erprobte Einarbeitung obligatorisch
- objektiv messbarer Karriereplan mit Weiterbildungsmöglichkeiten durch Spezialisten
- hohe Kundenzufriedenheit und systematische Kundengewinnung als Ziele
- Zukunftssicherheit durch strategische Planung

Wer im Einstellungsprozess typbezogen agiert, erhöht die Wahrscheinlichkeit, dass das Unternehmen tatsächlich als attraktive Arbeitgebermarke wahrgenommen wird.

Aspekt 6: Passung im Onboarding überprüfen

Wenn der Prozess mit der Einstellung eines Bewerbers zur Zufriedenheit aller endet, nutzen Matching-orientierte Unternehmen die Onboardingphase (auch), um die im Einstellungsprozedere gewonnene Überzeugung, dass „es" passt, zu überprüfen und zu verifizieren. Onboarding zielt auf die nachhaltige Einarbeitung und die soziale Integration des Mitarbeiters in sämtliche Bereiche (zum Beispiel technisch, fachlich, organisatorisch, sozial, kulturell, personell) des Unternehmens ab. In aller Regel wird zwischen den Phasen „Preboarding", „Orientierungsphase" und – als eigentliche Onboardingphase – der Phase der „fachlichen und sozialen Integration" unterschieden.

Mit der Preboardingphase ist die Phase zwischen Vertragsabschluss und dem ersten Arbeitstag gemeint. Die Orientierungsphase bezieht sich auf die Gestaltung des Verhältnisses zu dem neuen Mitarbeiter, vor allem während des ersten Arbeitstages. Dabei steht primär das Kennenlernen der neuen Kolleginnen und Kollegen sowie der Führungskräfte des neuen Mitarbeiters im Mittelpunkt. Diese Phase kann sich gegebenenfalls auf die gesamte erste Arbeitswoche beziehen. Danach kommt es bei der fachlichen und sozialen Integration zur Onboardingphase im engeren Sinn.

Es sind hauptsächlich die folgenden Maßnahmen, die zu einer gelungenen Integration neuer Mitarbeiter beitragen können: realistische Tätigkeitsvorschau, die Verwendung informeller Rekrutierungsmethoden, die Integration durch Vorgesetzte und Kollegen, Schulungs- und Orientierungsprogramme, Paten- und Mentoringsysteme, Coaching und Supervision, Traineeprogramme, Teamentwicklung, der Einsatz von Social Media und finanzielle Anreize (Moser et al. 2018).

Die drei Phasen lassen sich zudem nutzen, um die Passung in Feedbackgesprächen zwischen dem neuen Mitarbeiter und dem Paten oder Mentor zu überprüfen.

Der Kontakt mit den neuen Kollegen sowie die Bearbeitung der ersten Aufgaben erlauben eine weitere Differenzierung bei der Einschätzung der Passung. Von Vorteil ist, wenn insbesondere der Pate oder Mentor über die Fähigkeit verfügt, durch genaues Zuhören, förderliches Feedback und eine hohe kommunikative Kompetenz fundamentale Aussagen zum Matching oder zur Passung vorzunehmen.

Aspekt 7: Stellenanzeigen und Profile Matching-orientiert gestalten

Bleibt die typgerechte und Matching-orientierte Ansprache der Bewerber mit Stellenanzeigen oder Profilen, etwa in den sozialen Netzwerken. Die Ansprache insbesondere mit Stellenanzeigen spielt eine eher untergeordnete Rolle, darum gehe ich darauf am Ende dieses Kapitels ein. Der Anspruch, zu einer Passung von Job und Mensch zu gelangen, darf und muss in Stellenanzeigen und Profilen in aller Deutlichkeit zum Ausdruck gelangen. Zudem geht es um die Beantwortung der Frage, welche Kompetenzen und welche Persönlichkeitsmerkmale die neuen Mitarbeiter aufweisen sollten, damit sie das Unternehmen bei der Erreichung der Unternehmensziele bestmöglich unterstützen können. Zur Erinnerung: Wer eine vakante Stelle mit einem neuen Mitarbeiter besetzen möchte, muss wissen, wie das Soll-Profil der Position aussieht. Dieses Anforderungsprofil wird mit dem Ist-Profil abgeglichen, also mit dem Qualifikationsprofil des Menschen, der sich bewirbt.

Wenn das Unternehmen für die vakante Position den besten Mitarbeiter finden will, sollte sichergestellt sein, dass der Bewerber die Vision mitträgt und sich mit ihr identifizieren kann. Was nutzt zum Beispiel die kompetenteste Verkaufsleiterin, die die unternehmerische Vision, sich zum umsatzstarken Unternehmen zu entwickeln, das zugleich sozial-karikative Ziele verfolgt, nicht mittragen will, weil sie sich mit letzterem Ziel nicht identifizieren kann, sondern andere Motivatoren hat? Oder die nicht bereit ist, die Abschlussorientierung in den Kundengesprächen voranzutreiben, weil sie dies als „Drückermethode" ablehnt? Das ist aller Ehren wert, verhindert aber eine hohe Passung.

Matching und der Einsatz der genannten Tools helfen dabei, das Soll-Profil einer vakanten Stelle zielgenauer zu fassen, um in der Stellenanzeige oder in dem Profil auf den Persönlichkeitstyp und die entscheidenden Motivatoren einzugehen. So lassen sich Bewerber typgerecht ansprechen. Ein Beispiel: Wenn das Unternehmen eine Verkäuferin mit einem hohen rot-gelben Anteil und einem starken ökonomischen Antrieb sucht, ist es sinnvoll, das Stelleninserat und Profil entsprechend zu gestalten – auch, um nicht die Aufmerksamkeit etwa eines sachlich-blauen Typus zu erregen. Erfahrungsgemäß wird eine verkaufsstarke Persönlichkeit mit hoher Erfolgs- und Zielorientierung und hoher kommunikativer Kompetenz sowie eigenverantwortlicher Arbeitsweise, mithin eine klassische rot-gelbe Verkäuferin, durch folgende Aussagen im Stelleninserat positiv angesprochen:

- „Zur Sicherung unserer hervorragenden Marktstellung suchen wir gewinnende, kunden- und erfolgsorientierte Persönlichkeiten für den Außendienst."
- „Wo immer auf der Welt gebaut wird – wir sind als Marktführer schon da!"
- „Über unser globales Vertriebsnetz begeistern wir in über… Ländern Kunden durch punktgenaue Problemlösungen."
- „Diese Anforderungen erfüllen Sie:… Verkaufsstarke Persönlichkeit. Überdurchschnittliche Erfolgs- und Zielorientierung. Hohe Kommunikationskompetenz. Eigenverantwortliche Arbeitsweise…"
- „Wir bieten Ihnen:… Bringen auch Sie sich in einem Team von Vertrauen und Respekt ein."

It's a match: In zehn Schritten zu den passenden Mitarbeitenden

Der idealtypische Ablauf eines Recruitingprozesses auf der Grundlage der bisherigen Ausführungen gestaltet sich wie folgt:

- *Schritt 1:* Permanente Ansprache potenzieller Interessenten/ Bewerber auf allen zur Verfügung stehenden analogen und digitalen Wegen (klassische Optionen und Social Recruiting)
- *Schritt 2:* Etablierung des Unternehmens als attraktive Arbeitgebermarke (Employer Branding), Mitarbeitende als Markenbotschafter
- *Schritt 3:* Erarbeitung eines Soll-Profils aller Positionen im Unternehmen, um jederzeit in die Personalsuche und -auswahl einsteigen zu können
- *Schritt 4:* Vor allem Social Recruiting betreiben. Daneben auch Stellenanzeigen und Profile mitarbeitertypgerecht gestalten und breit streuen.
- *Schritt 5:* Bewerbungsunterlagen unter eignungsdiagnostischen Gesichtspunkten durchsehen und bewerten sowie Vorgespräche führen.
- *Schritt 6:* Vor persönlichen Gesprächen die eignungsdiagnostischen Analysetools einsetzen (INSIGHTS MDI®, OutMatch ASSESS by SCHEELEN®, RELIEF Stressprävention by SCHEELEN®) und Ist-Profil erstellen.
- *Schritt 7:* Soll-Profil (Anforderungsprofil) und Ist-Profil (Qualifikationsprofil) abgleichen.
- *Schritt 8:* Im persönlichen Gespräch Ergebnisse verifizieren. Kennenlerngespräch führen, viele Fragen stellen, genau zuhören und Vertiefungsfragen einsetzen. Der Bewerberin und dem Bewerber Gelegenheit geben, Fragen zu stellen, und Unternehmen vorstellen. Karriere- und Einstellungsgespräch führen.
- *Schritt 9:* Gibt es ein Match (in welcher Ausprägung)? Entscheidung treffen.
- *Schritt 10:* Im Onboardingprozess (durch Paten/Mentor) Erkenntnisse überprüfen (lassen).

Ab in die Selbstreflexion!

• Welche Matching-Aspekte werden Sie in Zukunft bei der Personalsuche aktivieren?
• Wie sieht Ihre konkrete Vorgehensweise aus?

Kapitelfazit: Rück- und Ausblick

• Eine professionelle erfolgreiche und effektive Personalauswahl ohne Matching ist unmöglich.
• Darum sollte der gesamte Prozess strikt Matching-orientiert ausgerichtet sein.
• Zielführend ist es, den Prozess mehrdimensional aufzubauen und neben den Tools INSIGHTS MDI®, OutMatch ASSESS by SCHEELEN® und RELIEF Stressprävention by SCHEELEN® das persönliche Gespräch mit den potenziellen Mitarbeitern zu nutzen.
• Für eine erfolgreiche Personalauswahl ist die Fragekompetenz der Recruiter von entscheidender Bedeutung.
• Die Unternehmen stehen vor der Herausforderung, sich im Einstellungsprozess und in den Gesprächen als attraktive Arbeitgebermarke zu präsentieren und die Möglichkeiten des Social Recruiting verstärkt zu nutzen.
• Im nächsten Kapitel geht es beim zweiten Anwendungsbereich um das Matching in der Führung.

KAPITEL 6

Extraordinary Leadership

Unternehmen Exzellenz durch Matching in der Führung

Der Match(ing)plan dieses Kapitels

- Sie lernen Bereiche kennen, in denen das Matching in der Führung von großer Bedeutung ist.
- Sie lesen, wie es gelingt, die Passung zwischen Führungskräften und Mitarbeitern herzustellen und Mitarbeiter typgerecht zu führen und zu inspirieren.
- Sie erfahren, wie Sie das Matchingkonzept für die Teambildung nutzen.

Grundvoraussetzung: Die Passung muss stimmen

Es ist ein ebenso bekannter wie vielfach wahrer Spruch: Mitarbeiter verlassen nicht das Unternehmen, sondern ihre Führungskraft (oder ihre Führungskräfte). Sie bleiben aber (länger und lieber) im Unternehmen und damit bei der Führungskraft, wenn sie der Überzeugung sind, dass es zwischen ihnen und der Chefin oder dem Chef passt. Sie sind dann bereit, sich mit Unternehmen und Arbeitsplatz zu identifizieren, mehr zu leisten und ihr Bestes zu geben.

> *Was Unternehmen wirklich brauchen, ist eine Matching-orientierte Führung. Denn diese führt zur unternehmerischen Exzellenz.*

Das hat mehrere Konsequenzen: Matching-orientierte Unternehmen fordern und fördern beziehungsweise ermöglichen Matching-orientiertes Führen, indem sie die Rahmenbedingungen für typgerechtes Motivieren und Führen herbeiführen. Sie setzen die erwähnten Tools ein, um die Passung zwischen der Persönlichkeit einer Führungskraft und der Persönlichkeit eines Mitarbeiters oder auch mehrerer Teammitglieder zu erhöhen. Ähnliches gilt für die Kompetenzen. Allerdings sind zwei weitere Aspekte von Bedeutung.

Bei Aspekt 1 gilt: Das Match zwischen der Persönlichkeit der Führungskraft und der des Mitarbeiters ist zwar relevant. Genauso wichtig jedoch – wenn nicht sogar noch wichtiger – ist das Match, das dadurch entsteht, dass die Führungskraft die Kompetenz hat, ihr Verhalten, ihr Vorgehen und ihren Führungsstil auf die Persönlichkeit des Mitarbeiters abzustimmen und sich ihm anzupassen. Sie sollte in der Lage sein, zu abstrahieren und von sich selbst abzusehen. Nehmen wir zur Verdeutlichung das Beispiel „Führungsstil": Die Führungskraft vergrößert die Matchwahrscheinlichkeit, indem sie sich eine Vielzahl an Führungsstilen aneignet. In einer gegebenen Situation ist sie fähig, genau den jeweiligen Führungsstil zu aktivieren, mit dem sie die Führungssituation konstruktiv auflösen kann. Dabei gilt: Oft müssen Führungskräfte die Komfortzone verlassen und sich auf neue Führungsmethoden und Führungsstile einlassen, obwohl dies dem bisherigen – oft erfolgreichen – Verhalten und ihrem Basisstil widerspricht.

> *Indem die Führungskraft ihr Führungsrepertoire erheblich erweitert, steigt die Matchwahrscheinlichkeit. Weil sie sich auf ihr Gegenüber einstellt, ist es eher möglich, dass „es" passt und stimmig ist und dass Führungskraft und Mitarbeiter gut „miteinander können".*

Kommen wir zum zweiten Aspekt: Zudem steht die Passung zwischen den Mitarbeitern im Fokus. Wenn es etwa darum geht, ein schlagkräftiges Team zusammenzustellen, helfen die Ergebnisse der Kompetenz- und Persönlichkeitsdiagnostik, Menschen zusammenzuführen, deren Kompetenzen und Persönlichkeiten sowie Denk- und Verhaltensweisen sich ergänzen und miteinander harmonieren. Ergibt die Kompetenzmessung etwa, dass es in einem Vertriebsteam an Verkäufern mit der Fähigkeit zum vertrauensvollen Beziehungsaufbau mangelt, kann gezielt ein Mitarbeiter mit eben dieser Kompetenz ins Team integriert werden. Oder die vorhandenen Teammitglieder erhalten die entsprechenden Schulungen, damit diese Kompetenz im Team präsenter ist.

> *Matching-orientierte Führung heißt, dass die Passung zwischen Mitarbeitern und Teammitgliedern Berücksichtigung findet.*

Lassen Sie uns einige der angesprochenen Aspekte Matching-orientierter Führung vertiefen.

Typgerechtes Führen, Motivieren und Inspirieren

Beginnen wir damit, welche Vorteile es mit sich bringt, wenn Führungskraft und Mitarbeiter zusammenpassen beziehungsweise die Führungskraft in der Lage ist, ihre Art des Führens auf den Mitarbeitertypus abzustimmen. Dazu eine Vorbemerkung: Die meisten Mitarbeiter haben vor allem Interesse daran, dass ihre Führungskraft die Führungsbasics beherrscht. Wenn sie zum agilen Führen in der Lage ist, kommt das selbstverständlich ebenfalls gut an. Und das gilt auch für die Fähigkeit, ambidextrisch zu agieren. Diese Erkenntnisse modernen Führens, die im New Work eine bedeutsame Rolle spielen, will ich nicht kleinreden. Allerdings:

> *Aus der Perspektive der meisten Mitarbeiter bedeutet erfolgreiches Führen, dass die nahbare Führungskraft ihnen wertschätzend und auf Augenhöhe begegnet und ein wahrhaftiges Interesse an ihnen (als jeweils einzigartigen Menschen) bekundet.*

Die Führungskraft zeigt dann wahrhaftiges Interesse an einem Mitarbeiter, wenn sie bereit ist, (auch) mithilfe der Ergebnisse der Tools INSIGHTS MDI®, OutMatch ASSESS by SCHEELEN® und RELIEF Stressprävention by SCHEELEN® zu erkennen, wie er tickt, um welchen Menschen es sich handelt und zu welchem Mitarbeitertyp er gehört. Zielführend ist, wenn sie gleichzeitig willens ist, sich selbst einer entsprechenden Analyse zu unterziehen. So kann sie einschätzen, wie sie, die Führungskraft, aufgrund ihrer eigenen Persönlichkeitsstruktur und Verhaltensweisen auf die unterschiedlichen Mitarbeitertypen wirkt. Wer weiß, wie sie oder er als Chefin oder Chef tickt und auf andere wirkt, kann die Konsequenzen der Führungsarbeit abschätzen und sich dem Führungskontext anpassen.

Kommunikation optimieren

Entscheidend ist, dass die Führungskraft die Kommunikation mit den Mitarbeitern optimieren und in den Mitarbeitergesprächen auf die Persönlichkeitsstruktur des jeweiligen Menschen eingehen kann. Ganz gleich, ob es um ein Zielvereinbarungsgespräch, Beurteilungs-gespräch, Kritikgespräch, Motivationsgespräch oder Konfliktlösungs-gespräch geht: Sie weiß, mit welchem Grundtypen sie es zu tun hat, sie schätzt die bestimmenden Motivatoren ein und stimmt ihre Gesprächsstrategie darauf ab. Commitment, Lob, Kritik, Motivation, Umgang mit Stress – all diese Aspekte erfolgen im Hinblick auf das Persönlichkeitsprofil des Gegenübers. Und weil RELIEF Stressprä-vention by SCHEELEN® Einblicke in das Verhalten des Mitarbeiters unter Belastung gibt, ist die Führungskraft außerdem in der Lage, insbesondere in den Kritik- und Konfliktgesprächen darauf zu achten, den Gesprächspartner „nicht ins Schwitzen" zu bringen. So hält sie den Mitarbeiter konsequent in der Wohlfühlzone, vermeidet Unter- und Überforderung und steigert den Wellbeing-Faktor. Das freut den Mitarbeiter, die Führungskraft und das Unternehmen, weil oft deut-lich bessere Arbeitsergebnisse die Folge sind und dieser Mitarbeiter mit einiger Wahrscheinlichkeit das Unternehmen nicht verlassen wird – zumindest nicht, weil er mit dem Chef oder der Chefin nicht übereinkommt.

Umgang mit Mitarbeitertypen verbessern

Ein Beispiel dient der Verdeutlichung des Gesagten. Dabei gehe ich davon aus, dass Sie als Führungskraft mit einem roten Mitarbeiter zu tun haben. Gehen Sie in diesen vier Schritten vor:

- *Schritt 1 – Persönlichkeitseigenschaften vergegenwärtigen*: Beschäftigen Sie sich intensiv mit den Charaktereigen-schaften und Verhaltensweisen des roten Mitarbeiters. Nut-zen Sie dazu die Ergebnisse der Persönlichkeitsdiagnostik und der Kompetenzdiagnostik, mithin der drei Tools. Nach der Beschäftigung mit dem roten Mitarbeiter wissen Sie, dass er Feedback gut annehmen und als das definieren kann, was es ist. Er fühlt sich selten persönlich angegriffen, weil er meist über ein stark ausgeprägtes Selbstvertrauen verfügt. Zudem ist er generell sach- und aufgabenorientiert, beruflich engagiert und ist gern auf dem Laufenden. Er verfolgt aktuelle Entwicklungen und bleibt stets „am Ball". In dem Beispiel nehmen wir zudem an, dass seine bestimmenden Antreiber der individualistische und der theoretische Antreiber sind. Sein Unabhängigkeitsstreben ist daher stark ausgeprägt.

- *Schritt 2 – Ergebnisse der eigenen Analyse berücksichtigen*: Falls Sie selbst ein Roter sind (und das ist aufgrund Ihrer Tätigkeit als Führungskraft wahrscheinlich), werden Sie wohl keine größeren Probleme mit dem roten Mitarbeiter haben. Sie beide sind insgeheim vielleicht froh, einen gleichwertigen Partner gefunden zu haben. Allerdings kann es auch schon mal „knallen", wenn die rote Führungskraft auf einen roten Mitarbeiter trifft. Weil beide dominant agieren, drohen Auseinandersetzungen. Aber als Führungskraft sollten Sie die Souveränität haben, trotzdem im konstruktiven Fahrwasser zu verbleiben. Insgesamt jedoch gilt, dass es von Vorteil ist, wenn es zwischen Führungskraft und Mitarbeiter ein Match gibt.

  - Falls Sie ein Gelber sind, sollten Sie beachten, die Beziehung zum Mitarbeiter nicht allzu persönlich zu gestalten. In dieser Hinsicht sind er und Sie wahrscheinlich vollkommen verschieden.
  - Gehören Sie zu den Grünen, sind Sie der „Gegentyp" des roten Mitarbeiters. Lassen Sie sich nicht einschüchtern – Sie sind der Chef!

- Bleibt die blaue Führungskraft: Gehören Sie dazu, achten Sie am besten darauf, den roten Mitarbeiter nicht mit allzu vielen Zahlen, Daten und Fakten zu überschütten.

- *Schritt 3 – Tipps für die Führung des roten Mitarbeiters*: Sie können den roten Mitarbeiter nun ganz gut einschätzen und dieses Wissen in verschiedenen Führungssituationen einsetzen. Die Analyseergebnisse erlauben Rückschlüsse, wie Sie den roten Mitarbeiter inspirieren, motivieren, kritisieren und loben sollten, damit er sich wohlfühlt und in der Wellbeing-Zone verbleibt. Berücksichtigen Sie wiederum Ihre eigene Persönlichkeitsstruktur und Ihre Wirkung auf die Persönlichkeit des Mitarbeiters.

- *Schritt 4 – verallgemeinern Sie nichts*: Bedenken Sie, dass in der Realität meistens Mischtypen vorkommen und es selten den reinen roten oder gelben Mitarbeiter gibt. Darum ist es notwendig, die Strategien im Umgang mit einem Mitarbeiter nicht eindimensional einzusetzen, sondern sie sinnvoll miteinander zu kombinieren.

Das gilt im Übrigen auch für Ihren Umgang mit Ihren Vorgesetzten, die sich ebenfalls einem Persönlichkeitstyp zuordnen lassen. Nutzen Sie die Toolergebnisse, um mit Ihrer Führungskraft besser zurechtzukommen.

Sobald Sie einschätzen können, wie der Mitarbeiter und Sie ticken und mit einiger Wahrscheinlichkeit aufeinander wirken, ist es zielführend, diese Impulse zu nutzen:

- *Impuls 1: Zeigen Sie Führungsstärke und agieren Sie typgerecht.* Treten Sie im Umgang mit dem roten Mitarbeiter selbstbewusst auf. Er darf ruhig wissen, dass immer noch Sie es sind, der der Chef ist. Das wird vom dominanten Roten zuweilen vergessen. Allerdings: Auch wenn Sie der Vorgesetzte sind – ein Roter braucht immer einen Grund, um jemandem seine uneingeschränkte Aufmerksamkeit zu geben. Darum sollten Sie ihn motivieren, indem Sie ihm zum Beispiel belegen, dass die Aktion „Kundenorientierung erhöhen", die demnächst ansteht, ihm hilft, sich zu profilieren, Erfolg zu haben, etwas Neues auszuprobieren und seine Unabhängigkeit unter Beweis zu stellen. Dann fängt dieser Mitarbeiter rasch Feuer und ist mit Engagement, Leidenschaft und Herzblut bei der Sache.

- *Impuls 2: Kommen Sie dem Dominanzstreben des Mitarbeiters entgegen.* Geben Sie ihm wo immer möglich Lob und Anerkennung, eröffnen Sie ihm Spielräume, von seinen Erfolgen ausführlich zu berichten. So befriedigen Sie sein Dominanzstreben. Einem Roten können Sie auch schmeicheln. Und wenn Sie ihm Aufgaben zuweisen, erwartet er, dass Sie präzise formulieren, ihm eindeutige Informationen geben und Ihr Anliegen deutlich beschreiben. Im Delegationsfall ist es erforderlich, ihm nicht nur die Aufgabe, sondern darüber hinaus die dazu notwendigen Kompetenzen und vor allem die Verantwortung zu übertragen. Das kommt seinem Unabhängigkeitsstreben entgegen, einem seiner wichtigen Antreiber.

- *Impuls 3: Motivieren Sie nutzenorientiert.* Sie motivieren den Roten, indem Sie ihm klarmachen, was er – zum Beispiel – bei einer Kundenaktion gewinnen kann. Verdeutlichen Sie ihm die Vorteile, die er dabei hat. Erläutern Sie ihm, was für ihn dabei herausspringt, wenn er sich engagiert. Und wenn es Nachteile gibt, sollten Sie ihm auch diese auf keinen Fall verschweigen.

- *Impuls 4: Argumentieren und kritisieren Sie hart und sachlich, aber freundlich.* Wenn Sie als dominante Führungskraft mit dem selbstbestimmten, auf Status und Prestige bedachten roten Mitarbeiter diskutieren oder ein Konfliktgespräch führen, müssen Sie anders vorgehen als bei dem gelassenen und toleranten Mitarbeiter, der dazu neigt, sich anzupassen. Wenn ein Roter mit etwas nicht einverstanden ist, wird er dies deutlich zum Ausdruck bringen. Wichtig ist, immer sachlich zu bleiben, Provokationen zu vermeiden und mit stichhaltigen Argumenten zu arbeiten.

An dem letzten Beispiel erkennen Sie, wie relevant es ist, dass ein Match vorliegt.

Wie bereits gesagt: Sie als Führungskraft stehen in der Pflicht und in der Verantwortung, auch einmal andere Verhaltensweisen an den Tag zu legen als die, die in Ihrer Persönlichkeit begründet sind. Aber wir alle können nicht vollkommen aus unserer Haut schlüpfen und unsere grundlegende Persönlichkeitsprägung nicht einfach abstreifen, nur weil der Typus unseres Gesprächspartners es verlangt. Wenn es bei Ihnen nicht passt und sie *nicht* fähig sind, wie oben erwähnt, sachlich zu bleiben, Provokationen zu vermeiden und mit stichhaltigen Argumenten zu arbeiten, ist der Führungserfolg gefährdet.

> *Ein Match der Persönlichkeitsstruktur sollte vorliegen. Über den erforderlichen Ausprägungsgrad des Matchs entscheiden die konkreten Rahmenbedingungen.*

Ab in die Selbstreflexion!

Nutzen Sie die Hinweise und Impulse für den Umgang mit dem roten Mitarbeiter, um Strategien für den Umgang mit den anderen Typen festzulegen. Dabei gilt prinzipiell:

- Umgang mit dem gelben Mitarbeiter: Geben Sie ihm Raum zur Entfaltung seiner kreativ-innovativen Potenziale und versuchen Sie, eine Beziehung aufzubauen.
- Umgang mit dem grünen Mitarbeiter: Versuchen Sie, sein Vertrauen zu gewinnen und sein Misstrauen zu überwinden.
- Umgang mit dem blauen Mitarbeiter: Loben Sie sein Expertenwissen und geben Sie ihm Aufgaben, die er gründlich durchdenken muss.

Generationengerecht führen

Um zu matchen, ist es sinnvoll, die Generationenzugehörigkeit eines Mitarbeiters zu berücksichtigen. Es wird differenziert zwischen:

- den Babyboomern, die das Licht der Welt vor 1964 erblickt haben,
- der Generation X, zu der die zwischen 1965 und 1980 Geborenen gehören,
- der Generation Y (Millennials), deren Mitglieder zwischen 1981 und 1995 geboren und zu denen die Digital Natives gehören, die mit Internet, Smartphone, Facebook, Twitter & Co. aufgewachsen sind, und neuerdings
- der Generation Z: In dieser Kohorte befinden sich die zwischen 1996 und 2012 geborenen Menschen.

Der Versuch, Millionen von Menschen unter einen Generationen-
begriff zu fassen, ist, vorsichtig ausgedrückt, schwierig. Hinzu
kommt: Die Ergebnisse der zahlreichen Studien und Untersuchungen
dazu klaffen zum Teil auseinander und führen zu unterschiedlichen
Beschreibungen der Generationen. Bei aller Vorsicht vor einer
„Schubladisierung" darf jedoch gesagt werden, dass jede Generation
durch gewisse generationentypische Merkmale und Eigenschaften
geprägt wird. Die Führungskräfte sollten sich dieser generationen-
spezifischen Prägung bewusst sein, aber trotzdem den individuellen
Menschen in den Vordergrund stellen, mit dem sie aktuell in einer
Führungssituation zu tun haben.

Meine Empfehlung: Es ist zielführend, sich mit den Eigenschaften,
die den einzelnen Generationen zugeschrieben werden, zu beschäftigen und diese Erkenntnisse bei der Führungsarbeit und beim
Recruiting zu berücksichtigen. Besondere Beachtung verdienen die
Generationen Y und die Z, weil diese Generationen die Arbeitswelt
in den nächsten Jahren maßgeblich prägen werden. Interessant ist in
diesem Zusammenhang die Studie Junge Deutsche 2019 (Schnetzer
2019), in der erhebliche Gemeinsamkeiten dieser Generationen fest-
gestellt werden. So heißt es in der Zusammenfassung der Studie zum
Thema „Traumjob": „Wohlfühlen und genug Freizeit: Am wichtigsten
für einen guten Job ist der Generation Z und der Generation Y die
Arbeitsatmosphäre sowie die gute Balance von Arbeit und Freizeit.
Mit diesen Erwartungen an Arbeitgeber tritt die junge Generation
sehr selbstbewusst auf." Und: „Der mit Abstand wichtigste Wert für
die Generation Z und die Generation Y ist die Gesundheit. Gesundheit steht für ein Leben ohne Einschränkungen, bei dem sich Körper
und Geist gut anfühlen."

Ich ziehe daraus den Schluss, dass es neben den generationen-
spezifischen Unterschieden auch generationenübergreifende Gemeinsamkeiten gibt, die es bei der Führungsarbeit zu

berücksichtigen gilt, ganz gleich, mit welchen Mitarbeitern die Führungskraft zu tun hat:

Eine kompetenzorientierte und auf die Persönlichkeit der Menschen abhebende Führung, bei der Nahbarkeit, Wertschätzung und wahrhaftiges Interesse an der Person eine Rolle spielen, hat so gut wie bei allen Mitarbeitern eine hohe Relevanz.

Talentmanagement: Führungspotenziale entdecken und individuell fördern

Die Fähigkeit der Unternehmen zum Matching beeinflusst zudem einen Bereich, der in Zukunft darüber entscheiden wird, welche Firmen wettbewerbsfähig bleiben und am Markt überleben werden – und welche nicht: das Talentmanagement. Denn der Kampf der Unternehmen um die High Potentials und „um die besten Köpfe" ist in vollem Gang. Ich habe es im fünften Kapitel bereits erwähnt: Es sind ausgerechnet jene High Potentials, bei denen die Loyalität zum Unternehmen nachlässt. Sie nehmen die jahrelang geforderte Flexibilität am Arbeitsmarkt ernst und sind wechselwilliger als ihre Vorgänger. Sie prüfen genau, ob sie an ihrem derzeitigen Arbeitsplatz ihre Kompetenzen punktgenau einsetzen, ihre Begabungen verwirklichen, ihre Persönlichkeit entwickeln und ihre Werte leben können und ob Unternehmenskultur sowie Unternehmensphilosophie zu ihnen passen. Und sie fragen sich, welche Initiativen der Arbeitgeber ergreift, um ihre Kompetenzen individuell zu fördern. Darum ist ein Unternehmen gut beraten, wenn es für seine Mitarbeiter, insbesondere für die Leistungsträger, individuelle Karrierepläne erstellt.

Veranschaulichen Sie den High Potentials, welche Perspektiven, Weiterbildungsmöglichkeiten und Aufstiegschancen sich für sie im Unternehmen eröffnen.

Spezifische Karriereentwicklungsprogramme, die auf die individuelle Kompetenzerweiterung ausgerichtet sind, unterstützen die Menschen dabei, sich vertikal durch Beförderungen und horizontal durch das Sammeln von Erfahrungen in verschiedenen Unternehmensbereichen, in denen sie hospitieren, ihren Kompetenzen gemäß zu entwickeln – sei es, dass sie ihre Stärken weiter ausbauen, sei es, dass sie Schwächen oder Kompetenzlücken schließen. Maßgeschneiderte Entwicklungspläne umfassen Jobrotationsmaßnahmen und Hospitationen, etwa in Partnerfirmen, oder Beschleunigungspools. Dort werden jeweils die Mitarbeiter und Führungskräfte aufgenommen, die die Personalabteilung gezielt darauf vorbereiten will, größere Verantwortung zu übernehmen – diese Personen erfahren eine bevorzugte Förderung.

All das sind wichtige Aspekte eines Toptalentmanagements. Zudem sollte ein unternehmensinternes Talentscouting stattfinden und die Einrichtung einer Talent Task Force in Betracht gezogen werden. Diese prüft zum Beispiel, ob nicht Mitarbeiter und Führungskräfte aus der „zweiten Reihe" über Talente verfügen, die bisher brachlagen oder noch nicht erkannt worden sind. Es kann durchaus sein, dass ein eher durchschnittlicher Mitarbeiter einfach noch nicht dort eingesetzt worden ist, wo seine Kompetenzen wirklich Früchte tragen. Es ist die lohnende Aufgabe einer kompetenzorientierten Talent Task Force, den „versteckten" Kompetenztalenten auf die Spur zu kommen. So ließe sich verhindern, dass gute, aber noch unentdeckte Mitarbeiter vorzeitig das Unternehmen wechseln, weil sie nicht ausreichend genug gefördert wurden.

Matching bei der Teamzusammenstellung und Teamführung

Sie wollen ein erfolgreiches Team zusammenstellen, dessen Mitglieder sich optimal ergänzen? Sie wollen Aufgaben an genau die Mitarbeiter vergeben, die aufgrund ihrer Qualifikationen, Kompetenzen und Persönlichkeit offensichtlich gut dafür geeignet sind? Dann liegt es auf der Hand, dass auch bei der Teamzusammenstellung Matchingaspekte eine zentrale Rolle spielen sollten.

Die Unterschiedlichkeit der Menschen ist bei der Teambildung meist ein Segen. Warum? Weil zum Beispiel wohl kaum ein Vertriebsteam funktionieren würde, in welchem nur dominante und rote Verkäufer zusammentreffen. Und wenn die kreativen Funken sprühen, weil alle Teammitglieder zu den innovativen Gelben gehören, fiele es dem Team wohl schwer, irgendwann in die Umsetzung zu kommen. Positiv formuliert: Es ist gerade die Unterschiedlichkeit in den Fähigkeiten, in der Persönlichkeit, den Einstellungen und Verhaltensweisen, die es erlaubt, ein Team mit Mitgliedern zusammenzustellen, die optimal zusammenarbeiten. Nur machtbewusste Alphamännchen, nur pedantische Controller, nur risikoscheue Bewahrertypen – das kann nicht gut gehen.

Unterschiedlichkeit wirkt meistens belebend. Darum ist es richtig, die einzelnen Persönlichkeitstypen mit Aufgaben zu versorgen, die genau ihrem Verhalten und ihren Stärken entsprechen, und so ein Team mit verteilten Kompetenzen zusammenzustellen, in welchem die Stärkenprofile der einzelnen Mitglieder einander ergänzen.

Leistungsfähige Teams bestehen oft aus Menschen, die sich in ihren Fähigkeiten, Erfahrungen und Verhaltenstypen ergänzen, bei denen der Matching-Ausprägungsgrad also hoch ist.

Matchingteams nach Rollenfunktionen zusammenstellen

Bezüglich der Fachkompetenzen ist es längst Konsens: Bei der Teamzusammenstellung wird darauf geachtet, dass sich die Qualifikationen der Teammitglieder ergänzen. Dasselbe sollte jedoch auch für den Verhaltensbereich gelten. Insbesondere die Ergebnisse des Tools INSIGHTS MDI® unterstützen Sie dabei, die besonderen Fähigkeiten und Verhaltensweisen der Teammitglieder aufeinander abzustimmen. INSIGHTS MDI® hat dazu ein „Teamrad" entwickelt – die Abbildung 9 zeigt ein Beispiel:

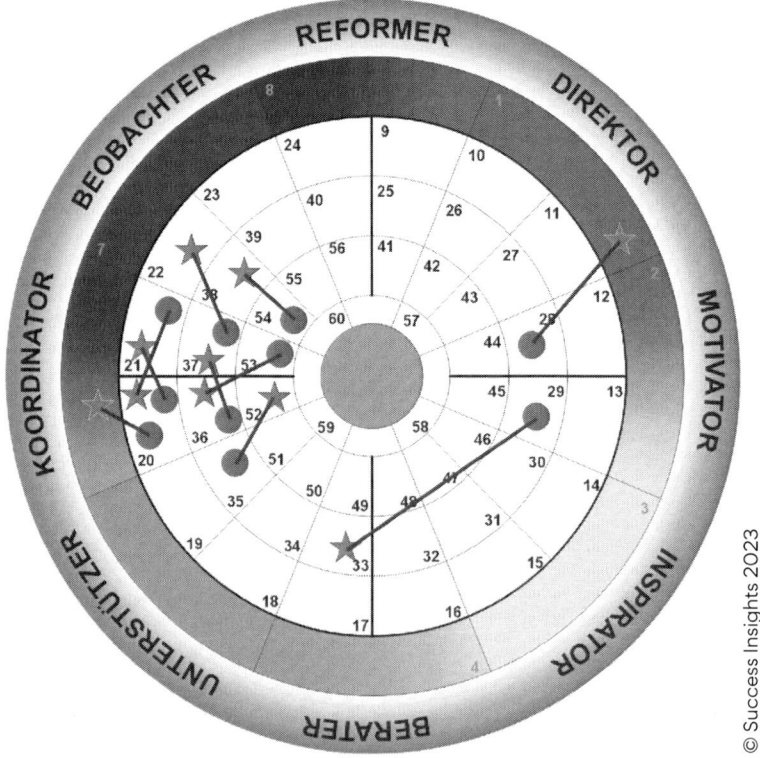

Abb. 9: Das Teamrad

Das Teamrad zeigt, welche Stärken und Schwächen jeder Typ in das Team einbringt. Für das Beispiel gilt: Die Typen in der oberen Hälfte sind eher an Aufgaben, die in der unteren Hälfte eher an Menschen orientiert. Die Punkte – Sie kennen das mittlerweile, auch aus der Abbildung 5 – bezeichnen den Basisstil der Teammitglieder. Die Sterne, mit denen die Punkte verbunden sind, zeigen den adaptierten Stil an. So verhalten sie sich, um ihre Aufgabe erfüllen zu können. Sie sehen, dass in diesem Team einige Mitglieder nicht optimal eingesetzt werden, da Basisstil und adaptierter Stil zu weit auseinanderliegen.

Zur Verdeutlichung wählen wir ein Beispiel aus dem Vertrieb: Erfolgreiche Vertriebsteams setzen sich meistens aus Verkäufern zusammen, die einen hohen rot-gelben Anteil haben und über die Verhaltensweisen des dominanten und zielgerichteten roten Verkäufers und die des initiativen und begeisterungsfähigen gelben Verkäufers verfügen. Aber natürlich steht hinter jedem erfolgreichen Außendienst immer ein Team, das die Verkäufer unterstützt und ihnen zuarbeitet – denken Sie nur an die Mitarbeiter aus Bereichen wie Marketing, Auftragsabwicklung, Kundenservice und Innendienst. Mithilfe von INSIGHTS MDI® und auch OutMatch ASSESS by SCHEELEN® können Sie Teams zusammenstellen, die für diese verschiedenen Aufgaben im Team bestens vorbereitet sind. Sie erinnern sich an Kapitel 2, in dem Sie die acht Haupttypen kennengelernt haben? Dieses Wissen hilft jetzt weiter:

- Die *Direktorin* / der *Direktor* treibt das Team an, übernimmt die Kontrolle, sorgt für Entscheidungen und Ergebnisse. Er hat die Aufgaben im Blick, die erledigt werden müssen.
- Die *Motivatorin* / der *Motivator* visualisiert die Zukunft und malt das große Bild. Er sorgt für Schwung und Begeisterung und dafür, dass das Team nicht stagniert, sondern sich durch Innovation weiterentwickelt und neue Aufträge erhält.
- Die *Inspiratorin* / der *Inspirator* unterhält die Verbindungen und Netzwerke nach außen, ergreift die Initiative, um

Entwicklungen anzuschieben, und begeistert andere dafür. Er kümmert sich darum, dass das Team Spaß haben kann.

- Die *Beraterin*/ der *Berater* bemüht sich um Ausgleich und Zusammenhalt des Teams, zeigt Verständnis für andere, behält das menschliche Element im Auge. Er achtet darauf, dass die Bedürfnisse der einzelnen Mitglieder nicht zu kurz kommen.

- Die *Unterstützerin*/ der *Unterstützer* liefert Einsichten und Hintergründe. Er trägt zur Umsetzung bei und macht deutlich, aus welchen Überzeugungen heraus das Team seine Aufgabe erfüllt, und sorgt so dafür, dass es nicht von seinem Weg abkommt.

- Die *Koordinatorin*/ der *Koordinator* kümmert sich um den reibungslosen Ablauf und die ordnungsgemäße Umsetzung. Er kennt die Fakten, versteht den Prozess und berücksichtigt auch die Details.

- Die *Beobachterin*/ der *Beobachter* entwirft und analysiert die Konzepte, nach denen das Team arbeitet. Er dringt tief in die Probleme ein und sorgt dafür, dass kaum Fehler im Detail entstehen.

- Die *Reformerin*/ der *Reformer* kümmert sich um die logischen Abläufe und reagiert sofort, wenn etwas schiefläuft. Er bedenkt das Für und Wider, entdeckt Widersprüche in Konzept oder Planung und sorgt für die Umsetzung.

> *Ein solches Team ist ausgewogen in seiner Zusammensetzung: It's a match!*

Es sind einerseits Typen vertreten, deren Augenmerk speziell der Erfüllung der Aufgaben gilt. Auf der anderen Seite sind Persönlichkeitstypen mit dabei, die sich besonders auf den Prozess konzentrieren und dafür sorgen, dass die Teammitglieder harmonisch und motiviert arbeiten sowie gut miteinander kommunizieren – das verdeutlicht Abbildung 10.

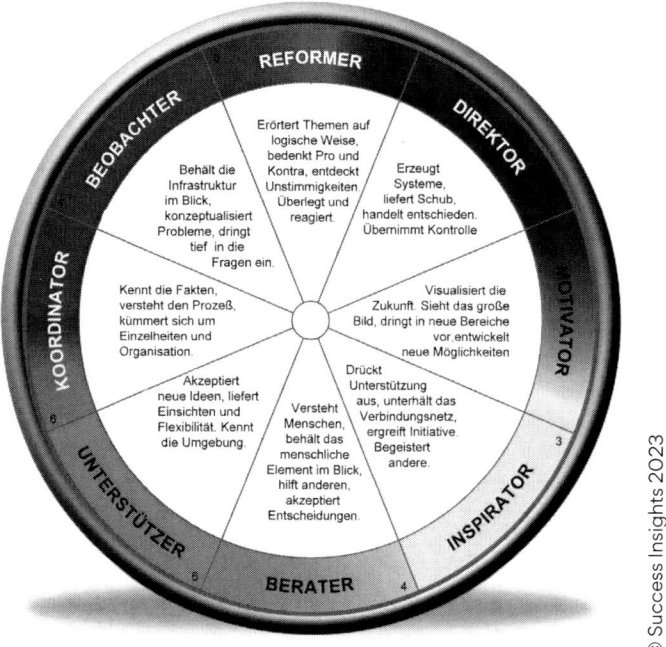

Abb. 10: Das Matchingteam

Versteht das Team, nicht zuletzt durch die Vermittlung der Führungs-kraft, dass die Unterschiedlichkeit bei gleichzeitiger Passung enth scheidend ist für die effektive Erfüllung der Teamaufgaben, ist es möglich, in gegenseitiger Anerkennung und Respekt miteinander zu arbeiten. Die Folge: Im Matchingteam entwickeln die einzelnen Persönlichkeitstypen mehr Verständnis und Toleranz füreinander. Gerade Typen, die einander auf dem Rad gegenüberliegen, also sehr unterschiedliche Verhaltensstile bevorzugen, lernen die Stärken des anderen zu schätzen. Typen, die dazwischenliegen, können ver-mitteln und zu einem gegenseitigen Verständnis beitragen.

> *Jeder weiß nun, dass das Denken, die Wahrnehmung und die Kommunikation der anderen Teammitglieder vielleicht auf einer ganz anderen Ebene abläuft, als dies bei einem selbst der Fall ist. Erkennen heißt Verstehen.*

Wem bekannt ist, dass es dem anderen aufgrund seiner Persönlichkeitsstruktur schwerfällt, Veränderungen zu akzeptieren und Risiken einzugehen, wird dies bei der Beurteilung des Teamkollegen berücksichtigen. Und dieses Wissen ist für den Teamleiter von besonderem Nutzen. Er achtet aufgrund der Kenntnis der Persönlichkeitsprofile zum Beispiel darauf, das innovativ-kreative Teammitglied nicht mit organisatorischen Aufgaben zu blockieren oder bei der Vergabe einer Spezialaufgabe den visionär veranlagten Mitarbeiter nicht mit dem Buchhaltertypen zusammenzubringen. Er verteilt Aufgaben typgerecht und wirkt so der Entstehung belastender Situationen entgegen – und auf lange Sicht betrachtet trägt er dazu bei, ein Burnout zu verhindern und den Wellbeing-Faktor zu erhöhen.

Praxisbeispiel: Ein Matchingteam entsteht
Ein mittelständisches Unternehmen der Konsumgüterindustrie will ein Wissensmanagementsystem implementieren. Auf dem Weg zum „Lernenden Unternehmen" soll gewährleistet sein, dass jede Innovation, die in einer Zweigstelle oder einer Abteilung im Stammhaus erarbeitet wird, rasch für *alle* Mitarbeiter aufbereitet werden kann und als Onlinelernmodul zur Verfügung steht. Da sich die Aufgabe im Rahmen der bestehenden organisatorischen Strukturen nicht lösen lässt, werden aus der Linie Mitarbeiter für einen begrenzten Zeitraum aus ihren Positionen herausgelöst und zu einem Team zusammengeschweißt. Die Aufgabe soll als Projekt aufgezogen werden. Das Team wird zusammengestellt, nur die besten Köpfe, absolute Fachleute, ein Projektleiter. Doch bereits in der Kick-off-Phase zeigt sich: Da kann einfach nicht zusammenwachsen, was nicht zusammenpasst:

- Da ist der Internetspezialist, der kein Gespür für die Gefühle der Teammitglieder hat und bei dem selbst anerkennende Worte harsch und angriffslustig rüberkommen.
- Die Texterin, zuständig für die Textverfassung des Moduls, platzt vor Kreativität, nervt andere Teammitglieder aber mit ihrem ausgeprägten Hang zur chaotischen Arbeitsweise.
- Die Mitarbeiterin, die für die didaktische Begleitung sorgt, ist eine ausgesprochene Pedantin und wehrt sich gegen jede Neuerung mit Händen und Füßen.
- Der Projektleiter, ausgestattet mit einem hohen dominanten Anteil, eckt mit dem ebenfalls hitzigen Teammitglied an, das als visionärer Kopf für die innovative Ausrichtung des Lernmoduls zuständig ist.

Das Unternehmen entscheidet, in einem zweiten Versuch bei der Teamzusammenstellung darauf zu achten, dass sich die Qualifikationen der Mitglieder sinnvoll ergänzen.

Das Team braucht Fachleute, die jeweils einen Bereich, der zur Planung, Erstellung und Implementierung des Wissensmanagementsystems notwendig ist, abdecken. Ähnliches soll für den Verhaltensbereich gelten.

Das Problem: Es wäre schon ein Zufall, wenn sich die Teammitglieder in ihren Fähigkeiten *und* in ihren Verhaltensmustern widerspruchsfrei ergänzen würden. Die Herausforderung: Trotzdem sollte die Überlegung, ob die Verhaltensstile komplementär sind, eine Rolle spielen. Darum werden bei der Teamzusammenstellung nun die Kompetenzen der Mitglieder und auch die Persönlichkeitsprofile berücksichtigt. Um die Werte, Einstellungen, Verhaltensweisen und Kompetenzen der Mitglieder konkreter einschätzen und deren Persönlichkeitsprofile bestimmen zu können, beschließt das Unternehmen, OutMatch ASSESS by SCHEELEN® zur Kompetenzanalyse einzusetzen und mithilfe von INSIGHTS MDI® die Persönlichkeitsprofile zu analysieren. Mithilfe der Ergebnisse kann ein Matchingteam gebildet werden, dessen Mitglieder sich in ihren Kompetenzen und Persönlichkeiten ergänzen.

Die Persönlichkeitsprofile helfen dem Teamleiter bei der Menschenführung und der Konfliktbewältigung. Denn er kennt sein eigenes Profil und weiß: „Wenn ich als dominanter Teamleiter mit dem selbstbestimmten Teammitglied Diskussionen führe, muss ich anders vorgehen als bei dem toleranten ‚Jasager‘, der zur Anpassung neigt." Und bei Streitigkeiten zwischen den Mitgliedern nutzt er das Wissen um die Profile, um Akzeptanz und Toleranz füreinander zu wecken.

Seither läuft die Zusammenstellung von Teams in dem Unternehmen wie folgt ab:

1. Beschreibung der Teamaufgabe und -ziele
2. Festlegung der Kompetenzen, die zur Zielerreichung notwendig sind
3. Auswahl der Teammitglieder, angelehnt an deren Kompetenzausprägung
4. Erstellung der Persönlichkeitsprofile aller Teammitglieder (inklusive des Teamleiters)
5. Überprüfung der Teamzusammenstellung auf Grundlage der Profile
6. eventuell Änderungen hinsichtlich der Zusammensetzung vornehmen
7. Teamführung, Teamarbeit und Konfliktlösung unter Nutzung der Kompetenz- und Persönlichkeitsprofile

Ab in die Selbstreflexion!

Wie gelingt es, die Zusammensetzung Ihrer Teams zu optimieren?

- Nach welchen Kriterien haben Sie Ihre Teams bisher zusammengestellt?
- Überprüfen Sie, welche Typen in Ihrem aktuellen Team sitzen.
- Was muss geändert werden?
- Welche Personalentwicklungsmaßnahmen (Neueinstellungen, Umstellungen, Weiterbildungen) sollten Sie vornehmen, um zu einem Matchingteam zu gelangen, in dem möglichst viele Leistungsträger sitzen?

Kapitelfazit: Rück- und Ausblick

- Die Kenntnis der Persönlichkeitsprofile der Mitarbeiter hilft dabei, mitarbeiterindividuell zu führen und zu motivieren. So können Leistungsträger ans Unternehmen gebunden werden.
- Das Matchingkonzept unterstützt Sie dabei, ein ausgewogenes Team mit Leistungsträgern zusammenzustellen, in dem jedes Teammitglied an seinem Platz optimale Leistungen erbringt.
- Mit dem Matchingkonzept erhöhen Führungskräfte die Leistungsfähigkeit der Mitarbeiter und Teams.
- Im nächsten Kapitel lernen Sie einen weiteren Matching-Anwendungsbereich kennen: Matching im Kundenkontakt.

Kapitel 7

Was Kunden wirklich mögen

Unternehmen Exzellenz durch Matching im Kundenkontakt

Der Match(ing)plan dieses Kapitels

- Sie lesen, dass und wie sich das Matchingkonzept auch für die Optimierung der Kundenkontakte nutzen lässt.
- Sie erfahren, wie Sie, aber vor allem Ihre Verkäufer, durch den typgerechten Umgang mit dem Kunden dessen Erwartungen und Wünsche noch punktgenauer erkennen und ihm im Gespräch einen größtmöglichen Nutzen bieten.

Was Unternehmen auch noch wirklich brauchen: Kundenmatch

Zu Beginn dieses Buches habe ich davon gesprochen, wie sich Unternehmen Exzellenz durch diese Punkte aufbauen lässt: Herausragende Führungskräfte – Begeisterte Mitarbeiter – Zufriedene Kunden – Erfolgreiche Unternehmen – Höhere Krisenbewältigungskompetenz. Mit Matching gelingt es, die passenden Mitarbeiter und Führungskräfte zu rekrutieren und die Mitarbeiterführung so zu strukturieren, dass die Mitarbeiter bereit und fähig sind, eine Topperformance an den Tag zu legen. Um endgültig zu einem erfolgreichen und exzellenten Unternehmen zu werden und selbst heftigste Krisensituationen bewältigen zu können, fehlt die Beantwortung der Frage, wie Sie Ihre Kunden überzeugen, begeistern und möglichst viele zufriedene Kunden generieren. Wieder hilft der Matchingansatz weiter:

Mit INSIGHTS MDI® gelingt es, den Kunden zu lesen, den Kundentypus zu erkennen und den Kontakt sowie das Gespräch mit dem Kunden entsprechend auszurichten – insbesondere dann, wenn die Verkäufer mithilfe des Tools die eigene Persönlichkeit und den eigenen Typus verlässlich einordnen können.

Typgerecht verkaufen

Sich selbst einschätzen können, Menschenkenntnis aufbauen, ein stabiles Vertrauensverhältnis etablieren, eine erste Einschätzung des Gesprächspartners vornehmen, dabei die Körpersprache beachten und äußere Merkmale wie die Kleidung berücksichtigen, Fragen stellen, um den Persönlichkeitstyp (= Grundtyp) und die entscheidenden Antreiber oder Motivatoren zu identifizieren – all dies sollten Ihre Verkäuferinnen und Verkäufer im Kundenkontakt „aus dem Effeff" beherrschen, vor allem dann, wenn es in das Gespräch mit Interessenten oder Neukunden geht, die sie gar nicht oder kaum kennen. Ich will Ihr Augenmerk auf einige besondere Kunden- und Verkaufssituationen lenken, in denen Ihre Verkäufer den Matchingansatz gewinnbringend einsetzen können.

Kundentypen immer besser einschätzen lernen

Wie gelingt es einer Verkäuferin oder einem Verkäufer aber in der alltäglichen Arbeitspraxis, einen – ihm weitgehend unbekannten – Kunden einem Persönlichkeitstypus zuzuordnen? Er kann ihn ja kaum einen INSIGHTS-MDI®-Test absolvieren lassen. An dieser Stelle kommt die Menschenkenntnis des Verkäufers ins Spiel. Wenn er einen Kunden analysiert und ihn einem Typus zuordnet, sollte er:

- genau beobachten und sich nicht zu schnell festlegen, mit welchem Typus er zu tun hat. Denn höchstwahrscheinlich verfügt der Kunde über zwei, wenn nicht gar drei Farbanteile.
- damit rechnen, dass sich das Verhalten des Kunden auch einmal in eine unerwartete Richtung ändern könnte.

Meine Empfehlung lautet, dass ein Verkäufer übt, den Kundentypus zu erkennen. Dazu sollten die letzten Kundengespräche hinsichtlich der folgenden Fragen rekapituliert und analysiert werden:

1. Wie war der Händedruck des Kunden?
2. Was ist mir auf seinem Schreibtisch aufgefallen?
3. Wer hat das Gespräch begonnen?
4. Wie war der Tonfall des Kunden?
5. In welchen Situationen hat sich seine Stimme verändert?
6. Wie war seine Körperhaltung während meiner Präsentation?
7. Hat er sich gelegentlich ablenken lassen? Wovon?
8. Hat er viel nachgefragt? Handelte es sich um Fragen, die das Gespräch sachlich vorangebracht haben?

9. Hat er eher introvertiert oder eher extravertiert agiert?
10. Hat er mir in die Augen geschaut oder den Blickkontakt vermieden?

Diese Übung unterstützt den Verkäufer dabei, nach und nach die Kompetenz aufzubauen, den Persönlichkeitstypus eines Kunden besser zu erkennen und einzuschätzen.

Die Kundin/den Kunden des roten Persönlichkeitstypus sachorientiert begeistern

Lassen Sie mich eine Vorbemerkung vorausschicken: Die Bezeichnungen der Kundinnen- und Kundentypen sowie der Verkäuferinnen- und Verkäufertypen im Folgenden gelten – wie überall in diesem Buch – für alle Geschlechter (m/w/d); im Sinne der besseren Lesbarkeit wird im Folgenden aber das generische Maskulinum gewählt. Also los: Der rot-dominante Kunde begreift das Gespräch mit dem Verkäufer häufig als Machtprobe und verbale Auseinandersetzung mit „scharfen Waffen" – er will sich im „Kampf" mit dem Gesprächspartner durchsetzen und ihn beherrschen. Deshalb versucht er, auf der Inhaltsebene zu punkten: „Hören Sie doch auf damit. Ich habe gestern in der Zeitung gelesen, dass …" Oder er greift den Verkäufer auf der Beziehungsebene an und bezichtigt ihn der Inkompetenz. Einwände nutzt er als Mittel, um zu verdeutlichen, er, der Kunde, sitze am längeren Hebel. Darum:

Der Verkäufer bleibt sachlich und fängt selbst bei Angriffen auf der Beziehungsebene keinen Streit an.

Allerdings: Er muss sich auch nicht beleidigen lassen. Trotzdem sollte er jede Möglichkeit nutzen, durch eine ruhige und souveräne Gesprächsführung einerseits ins sachliche Fahrwasser zu gelangen, andererseits dem Kunden das Gefühl zu geben, dass dieser die Kommunikation dominiert. Zudem gilt:

- Ins Geschäft mit einem roten Kunden kommt der Verkäufer vor allem dann, wenn der Kunde sich davon überzeugt hat, dass der Verkäufer sehr kompetent ist. Dieser sollte genau überlegen – und mit ASSESS prüfen! –, wie es um seine Kompetenzen bestellt ist und welche Vorteile er zu bieten hat.
- Der Verkäufer bereitet sich optimal vor und konzentriert sich auf das Wesentliche.
- Er redet nicht zu viel, denn der rote Kunde liebt es, die Fäden in den Händen zu halten.
- Er eröffnet ihm Optionen, zwischen denen er sich entscheiden kann.
- Nachteile verschweigt der Verkäufer nicht. Wenn der rote Kunde das Gefühl hat, er sei über den Tisch gezogen worden, hat er ihn für immer verloren.
- Er schmeichelt ihm, ohne zu dick aufzutragen.
- Dieser Kunde wird immer versuchen, den Preis zu drücken, auch um den Verkäufer zu besiegen. Darum lässt dieser den Kunden gewinnen – nämlich da, wo er dies im Voraus eingeplant hat, indem er festlegt, an welchen Stellen er zu Zugeständnissen bereit sein will und kann.

Die Checkliste hilft Ihrem Verkäufer, die wichtigsten Kontaktphasen im Umgang mit dem roten Kunden zu optimieren:

Wie agiert der Verkäufer, wenn er an einen Rot-Kunden verkauft und er selbst...

– ein roter Verkäufer ist?

- In diesem Fall wird er mit dem roten Kunden keine großen Probleme haben.

– ein gelber Verkäufer ist?

- Der Verkäufer erzählt keine Witze und beginnt von sich aus keinen Smalltalk. Er bleibt strikt beim Verkaufsgespräch, vermeidet Unterbrechungen und vergeudet keine Zeit.
- Er vermeidet Berührungen und Umarmungen.
- Er setzt klare Termine und hält sich selbst daran.
- Er bleibt seinen Überzeugungen treu und gibt dem Kunden nicht ständig recht.

– ein grüner Verkäufer ist?

- Der Verkäufer trägt seine Präsentation so selbstbewusst wie möglich vor.
- Er lässt sich vom energischen und herausfordernden roten Kunden nicht einschüchtern und verscheuchen. Er ist darauf vorbereitet und kontert energisch.
- Bei der Bedarfsanalyse richtet er seinen Fokus auf das „Was" und „Wann".
- Er agiert bei allem ein bisschen schneller als gewöhnlich. Aber er lässt sich auch nicht hetzen.
- Er konzentriert sich auf das Geschäft. Er denkt nicht darüber nach, wie die persönliche Beziehung zu dem roten Kunden ist, was dieser über ihn denkt oder von ihm hält. Denn das ist völlig unwichtig. Der rote Kunde wird bestenfalls in seine Kompetenz Vertrauen fassen, nicht zu ihm als Mensch.

– ein blauer Verkäufer ist?

- Der Verkäufer überschüttet den Roten nicht mit Fakten und Zahlen. Er gibt ihm nur die wichtigsten Informationen, kommt möglichst schnell auf den Punkt und konzentriert sich auf den Abschluss.

- Er nimmt ihm seine Schroffheit nicht übel und zeigt sich optimistisch und freundlich.
- Er verkauft ihm die innovativsten Produkte, die er hat, auch wenn ihm das widerstrebt.

Die Kundin/den Kunden des gelben Persönlichkeitstypus kommunikationsstark inspirieren

Dem gelben Kunden sind Werte wie Individualität, Innovation, Inspiration und Spaß wichtig. Der Verkäufer geht freundlich und herzlich auf ihn ein und versucht, in einer positiv geprägten und vertrauensvollen Atmosphäre zu einem harmonischen Beziehungsaufbau zu gelangen. Kontraproduktiv ist es, wenn er kurz angebunden, verschlossen und kühl agiert.

Der beziehungsorientierte Kunde liebt das inspirierende und kreative Gespräch – der Verkäufer überlegt sich darum einen spannenden Gesprächseinstieg und hebt das Neue, Besondere oder Außergewöhnliche seines Angebots hervor.

Zudem gilt:

- Der Verkäufer hört dem gelben Kunden gut zu und nimmt sich Zeit für ihn.
- Der gelbe Kunde wird ihm Geschichten und Anekdoten erzählen; er versucht ihn immer wieder zum eigentlichen Kern des Gesprächs zurückzuführen.
- Er vermeidet jede Form von Ungeduld.
- Diesem Kunden fällt es schwer, Entscheidungen zu treffen. Der Verkäufer gibt ihm darum immer wieder Entscheidungshilfen.
- Er bleibt freundlich und gibt dem gelben Kunden Umsetzungshilfen – auch, um das Gespräch zu einem Abschluss zu führen.

Die angemessene Strategie im Umgang mit dem gelben Kunden besteht darin, offen auf ihn zuzugehen – wobei sich diese Offenheit gleichzeitig in der Körpersprache ausdrücken sollte. Der Verkäufer spricht ihn auf der emotionalen Ebene an und bezieht ihn in die eigene Argumentation ein, etwa durch Sätze wie: „Was halten Sie denn davon ...?" oder: „Was sagt Ihr Bauchgefühl dazu?"

Die Checkliste dient dazu, die wichtigsten Kontaktphasen im Umgang mit dem gelben Kunden zu optimieren.

Kommen wir zu der Frage: Wie verkauft der Verkäufer an einen gelben Kunden, wenn er selbst ...

– ein gelber Verkäufer ist?

- Er wird keine größeren Schwierigkeiten haben. Nur: Er darf nicht die Zeit völlig vergessen – und auch nicht, den Abschluss anzugehen.

– ein roter Verkäufer ist?

- Der Verkäufer ist freundlicher als sonst und tritt nicht ganz so geschäftsmäßig auf.
- Er agiert tolerant und ist den Kundenvorschlägen gegenüber nicht allzu kritisch. Er bezieht den Kunden ein und diktiert ihm nicht die Lösung, die er selbst sich vorgestellt hat.
- Er fragt ihn auch nach dem Abschluss noch einmal nach seiner Meinung, um die Beziehung zu verbessern.

– ein grüner Verkäufer ist?

- Der Verkäufer überwindet das Misstrauen und die innere Ablehnung in Bezug auf die überschwängliche Art des gelben Kunden. Er weiß: „Wir müssen nicht wirklich Freunde werden."

- Er erhöht sein Tempo etwas, aber lässt sich nicht aus der Ruhe bringen. Er kommt beharrlich, aber freundlich immer wieder auf das eigentliche Thema zurück.

– ein blauer Verkäufer ist?

- Der Verkäufer mutet dem Gelben nicht alle Zahlen und Fakten zu und konzentriert sich auf das Wichtigste. Wenn er mit dem gelben Kunden den Bedarf analysiert, richtet er den Fokus auf das „Wer" und „Was noch".
- Er zeigt dem Kunden die Bereitschaft, mit ihm zu diskutieren, selbst wenn er nicht absolut davon überzeugt ist, dass dessen Ideen realisierbar sind.
- Er ist so freundlich wie möglich.
- Er bietet dem Kunden seine innovativen Produkte an.
- Er vereinbart ein enges Follow-up, um zu verhindern, dass der gelbe Kunde doch noch woanders kauft. Da dieser mit der zurückhaltenden Art des Verkäufers kaum klarkommt, ist die Gefahr groß, dass er wieder abwandert.

Die Kundin/den Kunden des grünen Persönlichkeitstypus mit starker Beziehung überzeugen

Mit diesem Kunden kommt der Verkäufer am besten ins Geschäft, wenn er sein Vertrauen gewonnen hat. Es ist ihm vor allem daran gelegen, eine gute Beziehung aufzubauen. Der Kunde achtet sehr auf Qualität. Das Produkt oder die Dienstleistung muss darum einfach gut sein. Das Problem: Es wird dem Verkäufer oft schwerfallen, das Gespräch auf das Gleis „Beratung und Verkauf" zu setzen. Denn dieser Kunde verharrt konsequent auf dem Beziehungsbahnhof. Jedes Mal, wenn der Verkäufer vom Small Talk zur Produktpräsentation umschwenken oder durch Fragen feststellen möchte, welchen Bedarf

der Kunde hat, beginnt dieser von Neuem: „Was ich Ihnen noch erzählen wollte ..." Zuweilen resultiert dieses Verhalten aus der Ängst-
lichkeit, das „falsche" Produkt zu kaufen oder überhaupt eine Kauf-
entscheidung zu treffen. Der Verkäufer versucht daher, den Kunden
aus seiner zögerlichen Haltung herauszuführen, indem er ihm nicht
zu viel Neues zumutet. Das bedeutet:

*Der Verkäufer überzeugt den grünen Kunden mit bewährten
Produkten, langen Garantiezeiten und einem Topservice.*

Oft ist es schwierig zu erkennen, was dieser Kunde wirklich will.
Durch das konsequente Auftreten ist eine Lenkung zwar möglich –
der Verkäufer darf dies aber nicht ausnutzen, ansonsten zieht sich der
Kunde in sein Schneckenhaus zurück und reagiert auf die Verkäufer-
argumente noch verhaltener. Der Verkäufer zeigt seine Aufmerksamkeit durch Blickkontakt oder bestätigendes Nicken. Er legt den Ak-
zent auf Argumente, die dem grünen Kunden Sicherheit bieten und
ihm zeigen, dass er kaum ein Risiko eingeht. Er überzeugt ihn dabei
durch Fakten und die Zusage, er könne seine Entscheidung in Ruhe
treffen. Der Verkäufer findet den goldenen Mittelweg zwischen einer
Vorgehensweise, die dem Kunden Spielraum für eine eigenständige
Entscheidung lässt, und einer behutsamen Steuerung – dies gilt vor
allem in der Abschlussphase.

Kommen wir wieder zu einer Checkliste, die dieses Mal zeigt, wie
sich die wichtigsten Kontaktphasen im Umgang mit einem grünen
Kunden optimieren lassen.

Wie verkauft der Verkäufer an einen grünen Kunden, wenn er selbst ...

– ein grüner Verkäufer ist?

- Im Grunde hat er dabei keine großen Probleme. Er denkt aber
  daran, dass der Kunde, ebenso wie er selbst, viel Sicherheit

braucht. Also bestärkt er ihn darin. Und er zeigt keine eigenen Unsicherheiten, sondern gibt sich so zuversichtlich wie möglich.

– ein roter Verkäufer ist?

- Der Verkäufer geht langsamer voran als üblich und widmet sich ausführlich den Phasen des Vertrauensaufbaus und der Bedarfsanalyse.
- Er wertet das Sicherheitsbedürfnis des Grünen nicht ab, behandelt ihn nicht von oben herab und drängt ihm nicht etwas auf, nur weil er es für die beste Lösung hält. Der grüne Kunde muss selbst zu diesem Urteil gelangen, der Verkäufer kann ihn darin nur unterstützen.
- Er geht langsamer vor als sonst und bietet mehr Details.
- Er ist immer freundlich und zeigt dem Kunden seine persönliche Wertschätzung.
- Er legt nicht zu viel Nachdruck auf neue und innovative Produkte.

– ein gelber Verkäufer ist?

- Der Verkäufer gibt sich nicht zu überschwänglich und herzlich, bevor deutlich wird, dass der Kunde Vertrauen zu ihm gefasst hat und ihn mag.
- Er hält sich an Fakten und Zahlen, übertreibt es damit aber nicht.
- Sein Kontaktvermögen wird dem gelben Verkäufer den Vertrauensaufbau erleichtern. Darüber hinaus erwartet der grüne Kunde viele Informationen über das Produkt, das er kaufen soll.

– ein blauer Verkäufer ist?

- Der Verkäufer lässt ihm Zeit, alle Fakten zu verdauen.
- Er unterhält sich mit dem Kunden über die Familien der Bee teiligten und spricht dabei auch Persönliches an.
- Er ist stets freundlich.

Die Kundin/den Kunden des blauen Persönlichkeitstypus mit Sicherheit gewinnen

Den blauen Kunden erkennt der Verkäufer an seinem förmlich-distanzierten Auftreten, er behält sich bei der Entscheidungsfindung Bedenkzeit vor und fragt oft nach. Ein Geschäft mit ihm macht der Verkäufer nur, wenn er ihn auch im Detail überzeugen und ihm die Sicherheit geben konnte, eine richtige Entscheidung getroffen zu haben. Der Verkäufer gibt dem Kunden alle Detailinformationen, über die er verfügt. Sind dessen Zweifel ausgeräumt, wird er kaufen und wahrscheinlich ein treuer Kunde bleiben, solange die Qualität stimmt.

Die Gesprächsführung überlässt der Kunde dem Verkäufer, zu-weilen weist er darauf hin, dass er auch Konkurrenzangebote ein-holen wird. Der Verkäufer nimmt sich viel Zeit für die Gesprächsvoru bereitung. Denn es ist wichtig, dass er im Hinblick auf diesen Kunden weiß: „Ich habe mit einem kompetenten Geschäftspartner zu tun!" Es lohnt sich, sich auf das Gespräch mit diesem Kunden intensiv vor-zubereiten und dem hohen Informationsbedürfnis des Gegenübers mit logisch aufgebauten Argumenten entgegenzukommen. Zudem zweifelt dieser Kunde vieles an – er wird dem Verkäufer die sprich-wörtlichen „Löcher in den Bauch" fragen.

Der blaue Kunde verhält sich meistens abwartend und zurück-haltend. Zielführend ist, wenn der Verkäufer bei allen Fragen, die der Kunde stellt, eine überzeugende Antwort zu geben weiß. Des Weite-ren ist es wiederum entscheidend, ein solides Vertrauensverhältnis zu dem Kunden aufzubauen. Darum geht der Verkäufer offen und ernst-haft mit den Kundeneinwänden um. Er nutzt seine Fachkompetenz, um diese so detailliert wie möglich zu entkräften. Entscheidend ist auch, dass sich der Kunde von dem Verkäufer verstanden und akzeptiert fühlt. Eine erfolgversprechende Strategie besteht darin, ihn auf keinen Fall zu unterbrechen, ihn möglichst viel reden und in Ruhe entscheiden zu lassen. Der Verkäufer sollte sich immer wieder vergewissern, ob der Kunde seiner Argumentation folgt. Dazu bestätigt er dessen Argumente – so kann Misstrauen nur schwer aufkeimen. Ein zentraler Punkt ist:

Vereinbarungen, die der Verkäufer mit dem Kunden getroffen hat, sollte er punktgenau einhalten. Denn wenn er diesen Kunden enttäuscht, ist das Vertrauenspflänzchen wohl für immer zerstört.

Dieses Mal hilft die Checkliste Ihrem Verkäufer dabei, die wichtigsten Kontaktphasen im Umgang mit dem blauen Kunden zu optimieren.

Wie verkauft der Verkäufer an einen Blau-Kunden, wenn er selbst ...

– ein blauer Verkäufer ist?

- Er wird keine Probleme haben, denn er ist ebenso detailversessen wie der Kunde. Er sollte nur verhindern, dass er im bloßen Datenaustausch steckenbleibt und so den Abschluss verpasst.

– ein roter Verkäufer ist?

- Der Verkäufer präsentiert dem Kunden reichlich Beweise und Fakten.
- Er beantwortet geduldig alle Fragen und bedrängt den Kunden nicht.
- Er bekundet ihm Respekt.

– ein gelber Verkäufer ist?

- Der Verkäufer erzählt dem Kunden keine Geschichten und nichts Persönliches.
- Er bereitet sich viel besser vor als bei anderen Kunden und zeigt keine Gefühle.

– ein grüner Verkäufer ist?

- Der Verkäufer lässt sich durch die ständigen Nachfragen des blauen Kunden nicht verunsichern.
- Er begegnet dessen Skepsis souverän.

Push the Button: Auf die Antreiber eingehen

Im nächsten Schritt versucht der Verkäufer in Anlehnung an den Persönlichkeitstypus, den er identifiziert hat, mithilfe der Fragetechnik die wichtigsten Motivatoren des Kunden herauszufinden. Dann verfügt er über genügend Informationen, um die Eröffnungs- und Argumentationsphase, aber auch die Einwandbehandlung und die Abschlussphase mit dem jeweiligen Kunden zielgenau(-er) zu gestalten:

- Bei einem Kunden mit einem stark ausgeprägten theoretischen Wert geht es um Wissen, Hintergründe, Ursachen und Zusammenhänge. Hilfreiche Argumente bei ihm sollten an seinen Verstand und seine Vernunft gerichtet sein, denn er ist ein Verstandesmensch.
- Ein Kunde mit einem hohen ökonomischen Wert will messbare Ergebnisse sehen, alles soll sich auch auszahlen. Er legt großen Wert auf Geld und finanzielle Unabhängigkeit – entsprechend sollten die Argumente des Verkäufers und seine Vorgehensweise strukturiert sein.

- Ein Kunde mit einem stark ausgeprägten ästhetischen Wert misst der Verpackung mehr Bedeutung bei als dem Inhalt. Der Verkäufer verdeutlicht ihm daher, dass das Produkt oder die Dienstleistung ihm hilft, seine Vision zu verwirklichen.
- Ein Kunde mit einem hohen sozialen Wert nimmt großen Anteil an seinen Mitmenschen. Der Verkäufer zeigt ihm, dass durch die Beziehung zu ihm die Welt ein bisschen besser werden und er seine Potenziale besser aktualisieren kann.
- Ein Kunde mit einem hohen individualistischen Wert hat ambitionierte Ziele und möchte einiges erreichen. Der Verkäufer zeigt ihm auf, dass und wie er den eigenen Einfluss- und Verantwortungsbereich mit seiner Hilfe vergrößern und seine Position optimieren kann.
- Ein Kunde mit einem stark ausgeprägten traditionellen Wert vertritt feste Überzeugungen, für die er sich engagiert einsetzt. Der Verkäufer verdeutlicht ihm, dass die Produkte und Dienstleistungen dazu beitragen, seine Welt stabiler und sicherer zu machen.

Ab in die Selbstreflexion!

Überlegen Sie, welche Möglichkeiten Sie nutzen können, damit Sie selbst und vor allem Ihre Verkäufer immer besser dazu in der Lage sind, die Persönlichkeit der verschiedenen Kundentypen einzuschätzen.

Kapitelfazit: Rückblick

- Im Kundengespräch unterstützt das Matchingkonzept Ihre Verkäufer dabei, die verschiedenen Kundentypen zu erkennen und zum Abschluss zu führen.
- So gelingt es Ihren Verkäufern, alle Phasen des Kundenkontakts kundentypgerecht zu gestalten.

Schlusswort

Die großen Transformations-
herausforderungen
stemmen – mit Matching

Sie – meine Leserinnen und Leser – und ich sind am Ende der Matchingreise angelangt. Aber natürlich geht für Sie die Arbeit nun erst richtig los, indem Sie das Matchingkonzept in all seinen Facetten umsetzen. Gern stehe ich Ihnen dabei unterstützend zur Seite. Und das kann sich lohnen. Denn das Matchingkonzept unterstützt Sie nicht nur dabei, die passenden Mitarbeitenden zu finden und für Ihr Unternehmen zu begeistern sowie Ihre Führungs- und Kundenprozesse zu optimieren. Nein, das Konzept leistet weitaus mehr. Entscheidend ist, dass Sie so Unternehmer Exzellenz herstellen und Ihr Unternehmen, die Mitarbeitenden und sich selbst fit machen für die Bewältigung der gewaltigen Transformationsprozesse, die auf so gut wie jedes Unternehmen in Deutschland, in Europa, ja, weltweit zukommen. Zentral dabei ist, Antworten auf diese Kernfragen zu finden:

- Wie kann ein Unternehmen auch und gerade in Zeiten des stetigen Wandels und der Dauerkrisen exzellent geführt werden?
- Was zeichnet hervorragende Führungspersönlichkeiten wirklich aus – und wie können wir Führungskräfte zu solchen Führungspersönlichkeiten entwickeln?
- Wie können wir alle dauerhaft Spitzenleistung erbringen?

Sie haben gesehen, dass das Matchingkonzept bei der Beantwortung dieser Kernfragen Antworten zu bieten hat. Denn letztendlich hilft es, die Potenziale aller Menschen im Unternehmen zu entwickeln. Matchen bedeutet strategische Personalentwicklung, um alle Potenziale zu nutzen, die notwendig sind, um Zukunft zu gestalten und zu gewinnen.

Zu den großen Vorteilen einer Matching-orientierten Unternehmens- und Personalentwicklung gehört, dass die Führungskräfte und Mitarbeitenden Kompetenzen aufbauen, die notwendig sind, um die Unternehmensziele zu realisieren und Transformationsprozesse zu meistern. Damit ist weitaus mehr gemeint als klassisches

Veränderungsmanagement. Denn Transformationen gehen stets mit einem Paradigmenwechsel einher (siehe dazu das Buch *Die Magie der Transformation* von Reza Razavi). Von einem Change hingegen sprechen wir, wenn kein Paradigmenwechsel stattfindet. Das heißt, die grundsätzlichen Weltsichten, Logiken und inneren Bilder eines Systems bleiben erhalten. Die bisherigen Vorgehensweisen, Prozesse und Strukturen werden nicht grundsätzlich infrage gestellt. Changemanagement bedeutet, lediglich das Bestehende weiterzuentwickeln und die Handlungen der beteiligten Akteure darauf abzustimmen. Bei einer Transformation aber geschieht der Wandel von innen heraus, es handelt sich um eine umfassende Umwälzung, bei der kein Stein auf dem anderen bleibt. Es versteht sich von selbst, dass die beteiligten Menschen dabei mit gewaltigen und oft schmerzhaften Herausforderungen konfrontiert werden.

Aber ohne Transformation kann nichts Neues entstehen. Und oft sind es gerade die Krisensituationen, durch die die Transformationsprozesse beschleunigt werden. Krisen sind der Motor der Transformation und der Verwandlung. Und darum ist es wünschenswert, dass Sie sich zum Hüter dieser Transformation und Verwandlung entwickeln.

Ziel sollte sein, Menschen und Organisationen Lust auf Transformation zu machen und ihnen die Angst vor Umbrüchen zu nehmen. Dabei genügt es nicht, graduelle Verbesserungen und Optimierungen vorzunehmen und das Bestehende lediglich zu adaptieren. Transformation verlangt von allen Beteiligten, neu zu denken, und das Unternehmen, ebenso wie die Prozesse, Abläufe und auch sich selbst, neu zu erfinden. Und Ihr Ziel sollte sein, im Unternehmen und an allen Arbeitsplätzen eine Macherstimmung zu entfachen, die die Menschen aktiviert, sich offensiv und aktiv an der Transformation zu beteiligen. Meiner Erfahrung nach gelingt das am besten, wenn Job und Mitarbeitende, wenn Unternehmen und Menschen zusammenpassen und es ein Match gibt. Der Kreis schließt sich.

Verdeutlichen Sie den Mitarbeitenden, dass Transformation ein Prozess des Entdeckens und Experimentierens ist, der alle Beteiligten herausfordert, aber auch die Chance bietet, das Unternehmen zukunftsfähig zu machen – und damit auch sich selbst.

ANHANG

Verzeichnis der verwendeten und weiterführenden Literatur

Buhr, Andreas: Führungsprinzipien. Führung geht heute anders. Gabal, Offenbach, 2023

Buhr, Andreas: Business geht heute anders. Buhrs beste Business-Hacks für Unternehmer, Umdenker, Manager, Macher und Visionäre. Gabal, Offenbach, 2. Auflage 2022

Grant, Adam: Geben und Nehmen. Droemer Knaur, München, 4. Auflage 2016

Hofert, Svenja: Mindshift. Mach dich fit für die Arbeitswelt von morgen. Campus, Frankfurt am Main, 2019

Hüther, Gerald: Bedienungsanleitung für ein menschliches Gehirn. Vandenhoeck & Ruprecht. Göttingen, 12., unveränderte Auflage 2016

Moser, Klaus; Souček, Roman; Galais, Nathalie; Roth, Colin: Onboarding – Neue Mitarbeiter integrieren. Hogrefe, Göttingen, 2018

Rampe, Micheline: Der R-Faktor. Das Geheimnis unserer inneren Stärke. Droemer Knaur, München, 2005

Razavi, Reza: Die Magie der Transformation. Wie wir Zukunft in Wirtschaft und Gesellschaft gemeinsam gestalten. Haufe, Freiburg im Breisgau, 2022

Sagmeister, Simon: Business Culture Design: Gestalten Sie Ihre Unternehmenskultur mit der Culture Map. Campus, Frankfurt am Main, 2016

Scheelen, Frank M.: Menschenkenntnis auf einen Blick: Sich selbst und andere besser verstehen. mvg, München, 5. Auflage 2020

Scheelen, Frank M.: So gewinnen Sie jeden Kunden. Das 1x1 der Menschenkenntnis im Verkauf. Redline, München, 6. Auflage 2011

Scheelen, Frank M.; Bigby, David G.: Kompetenzorientierte Unternehmensentwicklung. Erfolgreiche Personalentwicklung mit Kompetenzdiagnostiktools. Haufe, Freiburg im Breisgau, 2011

Scheelen, Frank M.; Christiani, Alexander: Stärken stärken. Talente entdecken, entwickeln und einsetzen. Redline, München, 3. Auflage 2013

Scheelen, Frank M.; Skazel, Rainer (Hg): Erfolgsfaktoren von Spitzenverkäufern: So gewinnen Sie schlagkräftige Vertriebsteams. Bildungsverlag by SCHEELEN. Waldshut-Tiengen, 2011

Scheelen, Frank M.; Tracy, Brian: Personal Leadership. 24 Bausteine für persönlichen Erfolg und Spitzenleistung im Team. Redline, München, 3. Auflage 2005

Scheelen, Frank M.; Vogelhuber, Oliver: Was Menschen wirklich wollen. Menschenkenntnis auf einen Blick mit Profiling[3]. Bildungsverlag by SCHEELEN®, Waldshut-Tiengen, 2019

Schnetzer, Simon: Studie: Junge Deutsche 2019. Die Lebens- und Arbeitswelt der Generation Z und Y. Quelle: www.simon-schnetzer.com (mit Downloadmöglichkeit einer Zusammenfassung der Studie unter https://simon-schnetzer.com/wp-content/uploads/2019/03/Highlights-Studie-Junge-Deutsche-2019-GenerationZ-GenerationY-Simon-Schnetzer-Jugendforscher.pdf), zuletzt aufgerufen am 07.04.2023

Spranger, Eduard: Lebensformen. Psychologie und Ethik der Persönlichkeit. Max Niemeyer, Tübingen, 1966

Weissman, Arnold; Barreuther, Pascal: Familienunternehmen der Zukunft. Wie Sie Digitalisierung und Disruption positiv nutzen können. Haufe, Freiburg im Breisgau, 2022

Zenger, John H.; Folkman, Joseph: Inspiring Leader: Die Erfolgsgeheimnisse besonders motivierender Führungskräfte. Whitepaper, auf Deutsch erschienen im Bildungsverlag by SCHEELEN®, Waldshut-Tiengen, 2021

Zenger, John H.; Folkman, Joseph: The New Extraordinary Leader: Turning Good Managers into Great Leaders. McGraw-Hill Education, New York, 3. Auflage 2019

Zenger, John H.; Folkman, Joseph; Edinger, Scott K.: Wie außergewöhnliche Führungskräfte Gewinne verdoppeln: Der Zusammenhang zwischen Führungsqualität und Unternehmenserfolg. Whitepaper, auf Deutsch erschienen im Bildungsverlag by SCHEELEN®, Waldshut-Tiengen, 2015

Über den Autor

„Wie kann ein Unternehmen in Zeiten des stetigen Wandels exzellent geführt werden?" – „Was zeichnet hervorragende Führungspersönlichkeiten wirklich aus, und wie können wir uns zu solchen entwickeln?" – Diesen Kernfragen widmet sich der erfolgreiche Unternehmer, Rennfahrer und Wirtschaftssenator, mehrfach ausgezeichnete Vortragsredner und renommierte Fachautor Frank M. Scheelen seit vielen Jahren und das nicht nur wissenschaftlich durch eigene Studien und die Zusammenarbeit mit Wirtschaftsinstituten weltweit, sondern auch durch den eigenen Beweis als Vorzeigeunternehmer: In rund 30 Jahren hat er unter dem Leitbild „Excellence starts here" sieben Firmen und Niederlassungen im In- und Ausland aufgebaut.

Frank M. Scheelen, in der Presse auch als „schnellster Unternehmer Deutschlands" bezeichnet, bringt sowohl auf Rennstrecken als auch in seinem Unternehmen täglich Spitzenleistung. Er weiß also aus erster Hand, wie „Unternehmen Exzellenz" gelingen kann, und ist als Vordenker mit seinen motivierenden Vorträgen sehr geschätzt.

Weitere Informationen über Frank M. Scheelen und die SCHEELEN® AG finden Sie hier:

www.frank-scheelen.com

www.scheelen-institut.com

Werden Sie Businesspartner der SCHEELEN® Gruppe

Als akkreditierter Partner werden Sie Teil der aktuell rund 1.200 Trainer, Berater und Coaches umfassenden **SCHEELEN®** Partnerschaft. Sie profitieren damit von einem kompletten Ökosystem rund um Information, Aus- und Weiterbildung, Lizenzierung, Marketing, Rentabilitätsoptimierung und dem Erfahrungsaustausch unter unseren Partnern.

- ⊘ Profitieren Sie langfristig von erfolgserprobten Lizenztools und erhöhen Sie Ihre Kompetenz und Akzeptanz beim Kunden.
- ⊘ Steigern Sie Ihre Wertschöpfung und werden Sie Teil einer fairen Lizenzpartnerschaft.

Vielfältige Einsatzbereiche für Berater, Trainer und Coaches

Personalauswahl
Passgenaue Stellenbesetzung

- ⊘ Entwicklung von Soll-Profilen
- ⊘ Individuelle Teamzusammenstellungen
- ⊘ Formulierung von typengerechten Stelleninseraten
- ⊘ Assessment Center
- ⊘ Interview
- ⊘ Unterstützung im Onboarding-Prozess
- ⊘ Individuelle Beratung zur Erkennung von Stärken und Werten sowie der emotionalen Fähigkeiten

Personalentwicklung
Strategische Mitarbeiterentwicklung

- ⊘ Management Audit
- ⊘ Talentmanagement
- ⊘ Führungskräfteentwicklung
- ⊘ Verkaufstraining
- ⊘ Teambildung
- ⊘ Kommunikation und Konflikt
- ⊘ Personalauswahl und Jobprofil
- ⊘ Talentmanagement / Assessment Center
- ⊘ Training / Coaching

New-/Outplacement
Professionalisierung durch strukturierten Prozess

- ⊘ Standortbestimmung
- ⊘ Neuorientierung
- ⊘ Job Search
- ⊘ Selbstmarketing
- ⊘ Individuelle Karriereberatung und Assessments
- ⊘ Standortbestimmung durch Assess-Kompetenzanalyse

Betriebliches Gesundheitsmanagement
Arbeitgebermarke stärken und Leistungsfähigkeit erhalten

- ⊘ Corporate Health Management
- ⊘ Organisationsentwicklung
- ⊘ Individual Coaching
- ⊘ Psychische Gefährdungsanalyse
- ⊘ RELIEF Individual Stressmanagement
- ⊘ Resilienz und Leistungserhalt

Melden Sie sich unverbindlich für weitere Informationen – wir freuen uns auf Sie!

Partner-Hotline +49 7741 – 96 94 50

partner@scheelen-institut.de

Folgen Sie uns auch auf XING' **und** Linked in

SCHEELEN

Wir bringen Ihr Unternehmen auf
„Pole Position" – Skill is your future

Wir sind Experte im Bereich:

- **Employer Branding und Personalrekrutierung**
  Talente entdecken und Kompetenzen entwickeln

- **Leistungserhalt sicherstellen und Stressprävention**
  Resilienz aufbauen

- **Führungskräfteentwicklung und Assessment**
  Leadership stärken

Interessiert an einer individuellen Beratung zur Begleitung
Ihres weiteren Wachstums für Ihr Unternehmen?

Wir freuen uns auf den Kontakt mit Ihnen!

SCHEELEN® AG
Badstraße 3
D-79761 Waldshut-Tiengen

Telefon +49 7741 9694 0
E-Mail   info@scheelen-institut.de

www.scheelen-institut.com   www.frank-scheelen.com